推薦序

從生活中實踐素食

在偶然的機會下，經過朋友介紹而認識伊樺，得知她是一位素食者，並正在撰寫一本有關本地素食議題的書，更有幸獲邀請為她的新書撰寫序言。雖然彼此未曾有深入的交流，同時得知她寫書的緣起和大綱之後，被她對推動素食的熱誠和能量所打動，於是接受她的邀請動筆寫序，並提供自己去年創立的「素食露營團」的簡介和活動相片，成為新書【第六章：零距離接觸大自然】的其中一部分，內心感到很榮幸之餘，亦希望為推廣素食盡一分力。

翻閱這本新書，從自序中看到作者由食肉獸變純素食者的心路歷程。兩年前，她開始踏入茹素之路，不單學會聆聽身體給自己的訊息，從中尋找適合自己的飲食習慣，更認識到現代食物工業的對環境的破壞及食物安全問題，並延伸到食用禽畜生產過程對動物所帶來的痛苦和道德議題。這都是值得我們去關注和認識，如何從飲食中學習健康、慈悲、惜福、愛自己。

素食不單改變了作者的飲食習慣，同時亦提升了心靈素質和身體健康，更學習如何珍惜食物、尊重生命，一步一步帶領她進入簡樸生活，活出自己的人生，實在令人感到欣喜和鼓舞，更值得欣賞是她能夠身體力行，棄肉茹素，藉著多年的文字編採經驗，追訪營養師、瑜伽導師及多位素食者的故事，將有關素食、健康與營養、食物生產和安全、自煮食譜、本地食店清單、大自然活動等資料加以整理和編排，配上簡潔精練的文字、圖片和圖表，結集成書，成為一本資訊多元化的素食生活指南，很適合素食新手閱讀的入門書。

回望過去，我的茹素生活已近二十年，自己對素食的堅持和喜愛有增無減，近年更將素食和興趣結合為一，在 Facebook 成立了「素食露營團」群組，招募喜歡露營而又熱愛素食的朋友，旨在積極推動素食露營文化，與好友一起遠離繁囂、深入郊野，在綠茵環境中親自下廚，利用各式蔬果食材炮製天然蔬食，與營友體驗素食野炊，在戶外活動中實踐素食理念。

當讀者有緣拿起這本書翻閱時，希望藉由伊樺的故事去認識素食，了解自己的飲食健康，甚至推展至關心動物權益、環境保育、綠色生活，從字裡行間感受作者踏上素食的足跡，如何用文字帶出素食，如何用生命影響生命。

Stanley 鐘源
素食露營團創辦人
資深素食者

自序

我由食肉獸變純素食者

　　我的茹素故事很簡單，我成為素食者，就是跟環保護生有關。我由一個無肉不歡的港女轉化成純素食者 Vegan，經歷了兩年多時間。當中過程比想像中順利，最初我亦懷疑自己會否難以適應或中途放棄，後來發覺原來是不會的。

　　那種感覺就類似每日做運動健身，只要情出自願，便能持續下去。當你做自己熱愛的事，就會充滿著無盡的快樂，就有源源不絕的動力。

　　感恩家人和朋友的支持，在茹素的道路上，我從不孤單一人。起初我由清淡的食物開始邁步，循序漸進地改為食海鮮素、蛋奶素、五辛素……漸漸就不再貪戀肉香，順利成為一個真正的純素食者。

　　回想自己過往肉食成癮，跟很多人一樣，日常飲食中離不開炸雞、漢堡、魚蛋，不自覺地成為肉食的奴隸。可是填飽肚皮後心靈更覺空虛，每次吃到不合口味的飯菜就嫌三嫌四，嚴重地揀飲擇食。

　　直至2020年頭我前往關西拍攝旅遊景點，由於當地的著名地標和美食眾多，為了爭取在有限日數內走訪完畢，我以高速密集式行程去完成，身心疲累到極點。剛巧又遇上新冠肺炎疫情初期，街上藥店的口罩早已被人搶購一空，每日除了擔心返港航班會否被取消，還不斷從新聞中獲知疫情持續失控、死亡人數迅速攀升的壞消息，這才覺知到世事無常。

　　在世紀疫情下我重新思考人生，嘗試盡量減少對環境和生命的傷害，所以選擇了茹素。

 時刻提醒自己勿忘食物來自另一個生命。

飲食覺醒：聆聽身體給我的訊息

重返香港這片石屎森林後，我逐步學習珍惜食物、尊重生命的重要性。閱讀了素食資訊後，明白吃肉的禍害，最終下定決心重拾自我，不被口腹之慾牽動情緒，不想為了滿足貪婪的味蕾而殘害動物。人類將動物商品化，單在美國每年就有逾百億頭牲畜在屠宰時及工廠化養殖中受苦。生命是平等的，任何人都應該善待動物，避免令牠們遭受不必要的痛苦。

都市人生活繁忙，飽受消化不良、肥胖等問題困擾，茹素可以預防這些毛病出現。自從改變了飲食習慣後，我開始聆聽身體給自己的訊息。在肚餓的時候才進食，有意識地練習每日只吃需要的分量。因為以前的暴飲暴食，讓身體一直處於超負荷的狀態，毫無節制地吃很容易感到疲累、精神不集中。

一天需要吃到三餐嗎？

每日只吃需要的分量就足夠。

我雖然不反對吃素肉，它確實是一個非常好的肉食替代品，可作為日常飲食的一種調劑，但素肉畢竟是加工食品，當中難免有防腐劑等食物添加劑。再者一邊吃素，一邊想葷食，這話聽起來自相矛盾。

選擇長期茹素的人，不能一味依靠吃仿肉來解饞；與其花錢買加工食品，不如支持本地有機菜，價錢合理又新鮮；其實蔬菜只要夠新鮮，可以完全不作調味；每一種蔬菜、果實、穀物都有自己獨特的味道，它們從陽光、空氣、水分和土壤中獲得生長所需的養分，還能供給其他生物所需的能量。

相比起那些植物肉、未來肉等加工食品，我更傾向於天然有機蔬果，除了可從中獲得充分的營養，更能吃到食材的真味道，那些充滿水分的新鮮果實，更是滋養我們身體的恩物。

要避免情緒化的飲食，首先盡量使用天然的食材烹調，不過度調味，進食時應帶著覺知，專注於當下，用心品嘗當前的食物，多咀嚼幾次，品味食物所帶給身體的滋養，以五感（眼、耳、鼻、舌、身）進食，細細感受食材的口感和香味，從貪著中解脫，輕鬆享受食物的滋味。

一頓美味的素食，

不是盲目地模仿葷食。

為環保踏出一小步

　　茹素不只影響個人的飲食習慣，也是一種簡樸生活的起點，生活態度亦會隨之改變。素食和環保，兩者其實是互相緊扣及影響的。當我落筆寫序的這一刻，才覺察自己的環保種子，早已在心裡紮根。從十多年前開始，我已不自覺地在奉行低碳生活，家中必備三大回收箱，但凡用完的包裝袋、膠盒、膠樽、廁紙筒芯我都不會立即拋棄，將垃圾分類已成為我的生活日常。

　　每到熱天我在家裡也不吹冷氣，冷氣是令環境升溫的萬惡之源，其實勤飲水、開窗保持空氣流通、床上鋪竹蓆、冷水洗澡等方法也能平衡體溫。多吃蔬食少吃肉，亦絕對有幫助。夏天的時令蔬果如青瓜、西瓜、茄子，有助排出體內悶熱的水分，藉利尿作用降低體溫。正所謂心靜自然涼，人不煩躁，身體自然跟著降溫。

　　每個人茹素都出於不同理由，無論你的出發點是為了宗教信仰、養生瘦身、保護環境抑或單純想吃清淡一點，都需要注意均衡飲食這項原則。其中最簡單的方法就是吃不同顏色的食物，譬如紅、黃、綠、白、黑等五色食品。

　　在日常飲食中，我們不應該偏重吃某一種食物，每天三餐選擇至少五種顏色的食材來烹調，藉以攝取足夠的營養，滿足身體所需。書中會以不同角度探求營養均衡的飲食方法，包括營養學專家的詳盡解答以及食譜提案。

　　近年素食逐漸大流行起來，在採訪期間發現香港有不少新派素食店登場，有助葷食者踏出第一步去接觸素食概念。若你崇尚綠色生活，可以嘗試光顧裸賣店，為環保出一分力，香港有一些裸賣店是很值得大家去支持的。本書收錄多項有關食、買、玩、煮及種植等資訊，更有多位素食愛好者的個人分享，以及本人親身落田耕種的體驗，希望透過文字介紹，從多個角度去探討素食生活。

擺脫無肉不歡的枷鎖

構思這本書時我真心無從入手！感恩因為採訪工作，接觸到不同背景的素友，寫他們的故事，令我得到很多啟發和共鳴，這些朋友讓我意識到一切皆有可能。如果沒有他們的分享及意見，這本書也不會呈現在你眼前。

或許書中有些觀點或內容，與你原本的價值觀有所不同。茹素是個人的選擇，沒有對與錯，本書旨在提供多方面的資訊，讓你了解吃素的好處和誤區，期盼你在日常膳食中逐漸增加蔬食比例，擺脫無肉不歡的枷鎖。

希望翻到這一頁的你在社交平台分享美食時，不要只顧關注大魚大肉，其實蔬菜、生果、沙津、果汁等同樣可以令人食指大動。你的開心分享能連結更多的有緣人，讓同好者接觸素食文化。大家別小看自己的素食推動力，它對環境保護十分有幫助。

低碳生活既是一種生活模式，也是一種生活態度。素食遠不只是「走肉」這麼簡單。借用受訪者Vivian的一句說話：「如果香港有7百萬人吃少一餐肉，就有7百萬次減少殺生的機會。」Less is more！

伊樺
2022年夏

Chapter 1
他們都是素食愛好者

你開始嘗試多菜少肉了嗎？你準備好茹素了嗎？以下介紹的素食愛好者，都經歷過飲食覺醒的時候，當中有瑜伽導師、營養學專家、素食店經營者、跑步教練等等。他們有些人是崇尚純素主義的Vegan，亦有些人是蔬食者或彈性素食者。每個人吃素的動機都不一樣，有為愛護生命不殺生的人，也有因為修行而進行飲食節制的人。他們之所以支持素食，背後各有不同的故事。

甚麼人最愛食素？

印度是世界上肉類消費量最低的國家，印度因為宗教、種姓和歷史淵源的關係，素食文化盛行，過去一直有傳聞當地素食人口高達50%；但根據美國人類學家Natrajan和印度經濟學家Suraj在印度進行的調查[1]，部分人只在重要日子吃素，估計實際只有約20%的人吃素，以印度13億人口來計算，大約不到3億人是素食者。雖然沒有傳聞中「過半數人」是吃素那麼誇張，但素食總人口仍然冠絕全球。

台灣人

台灣素食人口已突破300萬人[2]，佔當地總人口約13%，高踞世界前列，僅次於印度、墨西哥和巴西。台北更曾被CNN列為「十大素食友善城市」之一[3]，全台擁有超過6千間提供各式素食料理的食肆，從日式壽司、意大利菜以至夜市小食等等數之不盡，不少超市或便利店都設立蔬食專區，方便顧客採購。

在台灣想找到「純素」美食亦非常方便，筆者每逢在當地食肆點餐時常會聽見店員問：「你吃蔥、蒜嗎？」或甚至在街頭買小吃時都會有人跟你說「這個有加蔥蒜，可以嗎？」那是因為台灣有非常久的素食文化，民眾對純素、蛋奶素和五辛素有一定的了解，明白不同的素食族群有不同的喜好和需求。

#抗疫中的英國人

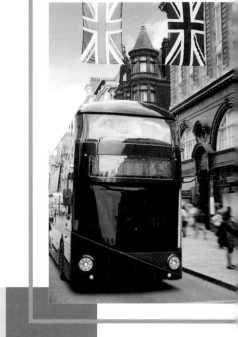

英國素食協會在2020年進行的一項調查[4]發現，英國有大量人正在改變他們的飲食習慣。受訪者中佔五分之一人在抗疫期間減少了肉類消費，當中有43%的人出於健康、保護環境或動物權利而選擇減少肉類消費；15%的人是因為肉價升高，而由肉食轉為素食；41%的人表示因超市貨架上找不到喜歡的食物而轉買植物性產品。

該協會在翌年再繼續進行同類調查，發現受訪者中有四分之一在封城期間減少了肉類消費[5]，主要原因跟去年的調查類似。而受訪者中佔54%人都是首次接觸素食文化[6]，他們以往甚至未買過肉類替代品（Meat Alternatives），植物性產品中最受歡迎的是燕麥奶和杏仁奶，其餘為豆類（扁豆和鷹嘴豆）、椰奶、素食芝士、素食牛油、豆腐、素食雞蛋等，有8成人都表示自己未來會繼續購買這些食物。

正如協會所說，Covid-19的經歷令人們覺醒，反思到底自己所吃的是甚麼東西以及食物的來源，無加工的天然食品受大眾歡迎，將是市場所趨。

#Z世代人

泛指1990年至千禧年代出生、伴隨着網絡世代成長的年輕族群。根據Euromonitor International在2021年的統計[7]，全球愈來愈多人為追求健康而減少吃肉，這類「彈性素食者」佔全球人口的42%，當中有一半以上為1995年後出生的一代人。

由於年輕人花較多時間在社交網絡平台上，他們習慣透過發文分享和討論，容易凝聚共同意識。一些網紅或名人加持的素食文化，像崇尚環保、愛護動物而減少肉食等概念，在年輕族群中更易被接受，能發揮一定的影響力。

從事瑜伽教學、奉行綠色生活的林曉芬(Fion)，由2013年開始茹素。她稱自己雖然信佛，但這是在吃素多年後才開始建立的信仰。她轉食素原本是想為環保出一分力，後來逐漸深入了解更多，知悉素食有助減低碳排放之餘，又可減少動物被殺害，對茹素的信念就更加堅定不移。

　　吃素以後最大的矛盾在於家人不理解，Fion父母總是擔心她營養不良，其實他們的擔心完全是多餘的：「那時候素食不像現在那麼『潮』，不似現在有這麼多選擇，素食店賣的菜式比較傳統、多油、單調。」在素食熱潮還未興起的年代，大眾對吃素概念存在質疑，不少父母擔憂子女茹素會影響健康，難免會有反對聲音。Fion回想當時自己亦不太懂得處理，與家人硬碰硬，只顧自己的堅持和信念。她甚至曾衝動地跟母親喊話，若再反對以後就不回家。

　　但事過境遷，父母看見她茹素後的轉變，個性隨和了、身體健康了，家人最終也接受了她的決定。如今Fion與家人同桌吃飯，父母總會準備一些素菜給她，現在一家人已能友好共融。問Fion有否後悔如此改變，她非常堅定地回答：「當然沒有！最後悔的是為甚麼不早一點開始食素。」

瑜伽導師 │ 純素的高顏值秘訣

瑜伽導師Fion分享茹素後的轉變，個性隨和了、身體也健康了。

PROFILE

林曉芬 Fion

　　曾任職工程師，她深感瑜伽對身心的療癒效果深層次及長久，跟隨印度瑜伽師Yogananth Andianppan及其團隊修習傳統印度瑜伽知識，取得瑜伽導師、瑜伽療癒及空中瑜伽導師資格。並由2017年起加入瑜伽中心以及脊醫王俊華博士痛症診所教導痛症患者復康瑜伽。

#為動物為環境支持素食

　　Fion一向積極參與環保活動，通過自己的知識和影響力，用行動去支持環保素食，當中不乏受她啓蒙而轉為食素的朋友。「那是一位我在環保活動中認識的人，他起初並不知道食素可為環境帶來好處，有助減低碳排放量。」藉著Fion的啓發，那位朋友漸漸發現茹素的好處繁多——不僅減少環境污染，並可減少砍伐森林，最重要是減少殘殺動物。他就毅然選擇了茹素，由一位食肉獸變成素食者。

　　現代畜牧業採用工業化的養殖方式，令動物在生長和屠宰的過程中飽受折磨。Fion形容：「例如一些養豬場，母豬在一個擠迫的空間裡生活，連轉身的位置都沒有，對動物來說是極大的受苦。」

　　她再提到，肉類的生產需要消耗大量穀物作飼料，把本來可以直接食用的農作物用來飼養動物，再將動物屠殺供人類食用。這過程極度消耗資源，原本這些農作物可以養活更多人。她指出：「這些用來飼養動物的穀物資源，如果用作供人類食用，可以舒緩很多窮困地區的糧食問題。」

#食素後皮膚靚咗、脾氣好咗！

素食不單只可減少浪費糧食資源、減輕對大自然的壓力，對身體健康亦有正面的影響。Fion談到茹素帶給自己很多益處，例如身體抵抗力得到提升，以前她一年總是會病幾次，現在卻很少生病。她更認為，自從茹素後自己性格也變得溫和一點，脾氣沒再那麼暴躁。她解釋說：「動物在臨死前，產生強烈的恐懼、悲哀及憤怒的情緒，以賀爾蒙的形式留存在身體上。我們進食肉類時會吸收到這些毒素，令情緒受到影響。」

除了心理質素的改變，Fion稱自從茹素後身體變得更輕盈和精神煥發，因腸胃的負擔減少，皮膚也隨之變好。事實上，天然蔬果含高纖維，有助腸道健康及排出毒素，促進新陳代謝，有利於皮膚的健康。她說明，由於消化肉食需要消耗較高的能量，容易使身體處於疲累。而素食用在消化系統的能量相對少，身體吸收和消化都較順暢，讓整個人更有活力。現時很多運動員改為食素，就是為了提升他們的運動表現。

> 轉為食素後，我腸道健康有改善、皮膚狀況比以前好，睡眠質素也相對好。

Fion認為素食對腸胃的負擔減少，令膚質變好。

1-6

#我用一年多時間改變自己

　　Fion 以循序漸進的方式逐步由葷轉素，一開始時有吃海鮮及蛋奶，戒掉一切肉類後，持續了三、四個月就逐步不再吃海鮮了，後來再隔三、四個月連蛋奶也戒掉，整個過程約花了一年多時間去調節。「我因為是慢慢轉變，身體較容易適應到，但我身邊的朋友有些是直接由葷轉素，沒有給自己緩衝期，他們就很不習慣。」

　　不少人會質疑吃素會否導致營養不良，關於這一點 Fion 分享：「我平日會進食五穀、蔬菜、豆類等不同的食物以達到營養均衡，並盡量食正餐；因為很多人正餐吃不夠，會以零食來填補，這樣會導致營養不足。」

　　Fion 一星期大概會入廚兩至三次，中、西、日韓各種類型的菜式都會嘗試，多數是上網自學的。她推介一種素食界的新寵兒「天貝」，那是以黃豆發酵而成的豆製品，含豐富蛋白質，把它切成粒後炒一兩分鐘，加水及豉油炆數分鐘至收水，並煎至面層焦脆金黃。這些粒粒可拌入蔬菜同吃，增加蔬食的口感。

　　她還分享了一個快速補充營養的秘訣，就是飲用十穀奶，尤其對一些不知道如何補充營養的人來說，這個方法非常簡捷。她建議無論是素食新手或長期茹素者都可以嘗試自行製作，它需要的技巧不多，只要準備材料，加清水放入有二合一功能的烹調攪拌機，打成米漿再煮就可以了。

　　這個能量飲品不用花很多功夫烹調，也不用一次過咀嚼那麼多穀物，才能獲足夠營養。「如果一次過進食那麼多穀物和豆類，有些人會感到不適應。但將所有食材打成飲料的話，既容易入口又容易吸收，一杯包含很多營養。」她稱食材可隨個人喜好自由組合，例如將紫米、糙米、小米、蓮子、百合、蕎麥、豆類、堅果、水果乾等磨碎及加熱即可，亦方便攜帶出門。

#個人心水好店推介

Fion平時外出聚餐，多由她決定用餐地點。為此她也做足資料搜集，尋找好評的素食餐廳，希望親友都能品嘗美味的素菜。但大多數時候，她會找葷素共融的食店，方便大家各自點菜。談到個人的心水食店，她的推介如右。

自助餐	：每日（尖沙咀）
印度菜	：活蘭印度素食（尖沙咀）
打卡系	：悠蔬食（尖沙咀、荃灣）
文青系	：素年（深水埗）
Café	：LN FORTUNE（西營盤）
三餸飯	：麗姐廚房（灣仔）
中式歡茶	：三德素食館（北角）

#瑜伽導師的 3 Days 食譜提案

Day 1

Breakfast
豆奶沖高纖粟米片 或
配新鮮水蜜桃

Lunch
焗薯配天貝及西蘭花粒

Tea Time
蘋果或香蕉、果仁或果乾

Dinner
主食 - 糙米飯
餸菜 - 松子仁炒雜菜
湯水 - 五色雜豆湯

Day 2

Breakfast
糙米粥

Lunch
蕎麥湯麵配枝豆

Tea Time
植物奶、無鹽果仁或紫菜

Dinner
主食 - 水煮鷹嘴豆藜麥
沙律 - 牛油果粟米番茄仔
湯水 - 羅漢果黃耳湯

Day 3

Breakfast
番茄煮通心粉
配麥包或多士

Lunch
雜菜意粉配素扒

Tea Time
橙或梨、低油糖鹽餅乾

Dinner
主食 - 白飯 / 印式薄餅
餸菜 - 天貝秋葵雜菜咖喱
湯水 - 南瓜紅蘿蔔濃湯

#我認為素食是……

我認為素食是表達愛的一個方式，是一種Lifestyle，對自己及對身體的愛和關懷，對地球及對動物的愛和關懷。它是對事物關注的一種表達，不只是用口去表達，是實實在在用行動去表達的一種方式。

從小立志要做營養師的王俊華，自小是癡肥兒童，曾因為進行減肥特訓而導致膝痛問題，這段痛苦的磨練成就了他今日脊醫的身份。行醫十幾年的他，既是美國註冊臨床營養學專家，也是健身教練及柔道黑帶三段Ａ級教練。當你以為一個擁有廣泛興趣與專業領域的人，理所當然應該餐餐大魚大肉、美酒佳餚，王俊華卻反其道而行。

問他何以斷捨離，由葷轉素？王俊華回憶起自己在五、六年前，因為工作忙碌致食無定時，惟有請同事代勞買外賣。「平日午餐交由診所助護代為準備，填飽肚子就算，但同事為我買的食物都較為單一。」

PROFILE

脊醫王俊華
Dr. Antonio C. W. Wong, D.C.

香港註冊脊醫及美國註冊臨床營養學家，於紐約脊骨神經研究院脊骨神經醫學榮譽畢業博士及臨床營養學榮譽畢業碩士，香港大學食物及營養學榮譽畢業學士，擁有康文署認可體適能導師資格，是柔道黑帶三段Ａ級教練。現為香港脊醫學會公共關係委員會主席，熱心推廣脊椎關節肌肉健康訊息，經常接受媒體訪問，以文字及影片講解相關資訊。

營養學家王俊華和我們分享健康飲食之道。

脊醫 ｜ 和你分享走肉滋味

＊圖片由受訪者提供

後來他發現，在長期飲食不均的情況下，再次誘發困擾他多時的腸胃問題，甚至出現了多次腸痙攣。考慮到病發的源起，可能跟日常飲食中的肉類來源有關，例如肉類中或含有微生物、細菌等病菌污染導致。他於是採用食物排除法（Elimination diet），減走一些肉類，令腸胃不適情況好轉起來，慢慢再調節為吃素。

脊醫王俊華另一身分是柔道黑帶三段Ａ級教練，柔道鍛鍊令他體重回落不少。

王俊華由葷轉素的過程非常順利，至今沒有半點後悔，推動力來自心愛的另一半。「當時太太為了鼓勵我茹素，連續一個月每晚都準備不同的素菜給我享用。菜式都沒有重複過，且很合我的胃口。」他太太每日貼心地準備不同的食物，讓他對素食改觀，完全不覺自己在吃素。「頭幾晚吃的素菜，一直都是我最喜愛的菜式，印象非常深刻。其中有黑松露蕎麥意粉、大啡菇配金雙銀蛋炒飯，還有氣炸過的秀珍菇，口感非常好。」

素食都可以變化多端

世界上有幾千種不同的蔬果和穀物，每一種食材都有其獨特的味道，只要用心搭配得當，絕對可以變成清鮮淡雅的菜式。正如王俊華所説：「你可以花點心思，加一些天然香料或醃料，再配合烹調技巧，讓家常菜變得美味無比。例如你可以利用蒸焗爐令食物焗後更香口，或利用煲仔飯的烹調方式燒香食物，甚至用氣炸鍋令食材有酥炸的滋味，健康之餘又不會淡口。」

王俊華身邊朋友群也不乏素食同好，包括童年好友以及情同兄妹的柔道師妹。「我太太也盡量跟我一起吃素；我父母雖然不是素食者，但也因為本身有宗教信仰十分支持我茹素，所以我由葷轉素完全沒有阻力。」

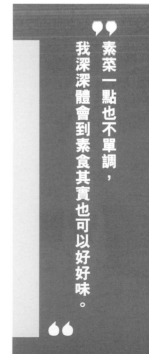

素菜一點也不單調，我深深體會到素食其實也可以好好味。

> 這就好比選擇對象一樣，沒有人能強迫一個亞洲人去喜歡黑人，反之亦然，因為有些人真的會接受不來。這件事本身沒有對或錯，只是每一個人的選擇各異或價值觀不同而已。

提到如何繼續與吃肉的朋友正常聚餐，王俊華分享從來不介意跟朋友到葷食店用膳。他不會刻意在大家享用佳餚時，勸別人捨棄葷食。他的想法是：「我不想浪費已經煮出來的食物，我只需讓朋友享用肉類部分，自己幫忙吃蔬菜的部分就是了。始終我食素的原因並非以宗教為主，我自己為健康而戒掉肉類，這是我的選擇，我不會討厭別人吃葷。」他認為有足夠的理據去支持人茹素，但就絕不會強硬地要改變周遭人一定得吃素。

無論你茹素的動機是甚麼，吃素始終可減低對地球資源的耗損，還能減少殺生。「我作為一個醫護人員，平日救人、醫治病人，如果連我都食動物，豈不是與我的工作理念背道而馳？」每個人吃素的出發點都不同，只要飲食均衡、烹調得當，對身心都有益處。「如果你認為食素是一件好事，為尊重生命也好，為環保也好，可以去做。但想保護環境不一定要勉強自己食素，從其他途徑為地球出一分力也是可以的，不過素食絕對是你可以考慮的一個好選擇。」

我認為素食是⋯⋯

> 食素是為自己健康負責的一個途徑，是為自己負責任，所以跟其他人無關。我認為有足夠的理據去支持，食素是一個好及應該去做的事情。我覺得自己茹素後健康有改善，又沒有影響到其他人。我為環保出力，但我不會強迫其他人去食素，別人主動問我的話，我會教他如何吃得健康一點。食素就是對自己有好處，又能同人分享的一種利己利人的行為。

從事法律工作的Phyllis，由2018年開始食素，她本身是在佛教家庭長大，也因為經歷了家人離世的悲痛，因緣之下開始接觸素食。當她捱過了一段小小的適應期之後，慢慢覺得茹素很適合自己，所以就一直保持這種飲食習慣，暫時也不打算改變。她稱目前自己是一位蛋奶素者，她每一日幾乎都有進食雞蛋和飲牛奶，會不會終有一天晉級成為純素食者呢？她自己也説不定，萬事隨緣。

問及Phyllis由葷轉素的過程輾轉嗎？她覺得自己還算順利，只耗時一星期便適應下來。四年前當她決定食素的時候，起初確實有一些不習慣的地方。最困擾她的是每到晚上便會出現一種嗜肉的渴望，入睡時會汗流浹背，腦中一直浮現牛扒的畫面，仿似聞到一股肉香。幸而翌朝起床一切回復正常，她每天如常吃素，過了一星期後就不再有這種情況了，也沒有因看見別人吃肉而動心或感到不適。

律師 | 學習尊重與堅持

PROFILE

Phyllis Ng

　正職律師，閒時愛寫美食Blog，由幾十元的窮風流到幾百元的充大頭。IG@hkfoodlover

#與家人並肩同行

　　她回想跟朋友的飯聚從來沒有遇過挑戰，Phyllis身邊所有朋友、同學和同事都很樂意配合，即使大家並非每次都去素食店也好，朋友們會盡量找餐單內有供應一兩款素食的地方與她共餐。隨著素食日益普及，她稱近年香港的素食餐廳選擇多元化，現在很多餐廳都加入素食元素，一些比較出名的素菜館例如「素年」並非只有素食者才幫襯，連肉食者也喜歡光顧。對Phyllis來說要找地方填肚一點也不困難：「基本上即使是茶餐廳，吃一份蛋治對我來說也可以，或者點一份芙蓉蛋飯走蝦亦無問題。很多餐廳都總有一兩款餸是素的，即使不一定有，也可以向店方要求走肉來解決。」

　　Phyllis身邊雖有一兩位食素朋友，但真正影響她的是自己的家人，她的母親和弟弟也是同期一起成為素食者。「初期有一些親戚勸我們不要每天吃素，建議我們逢一、三、五吃肉會更好，尤其因為我弟弟年紀較細，親戚們擔心他吃素會不夠營養，還勸說我們等退休後時間較充裕時才開始茹素。」

　　Phyllis有幸一直與家人並肩同路，遇上任何障礙都能迎難而上，堅持的力度也加倍。「我媽媽會煮很多有蛋白質的素菜，親戚們到訪時也會請她們一試，例如番茄炒蛋、菠菜、枝豆等不同類型的食物。後來親戚們漸漸明白到素食不等於白灼青菜，亦知道只要吃一些補充劑就可以解決維他命B12不足的問題，讓她們總算放心了。」當疑慮和憂心得到釋除，所有親戚就不再反對下去。現在每逢過時過節，姨媽姑姐們也會跟Phyllis一家出去吃素：「當初她們只是善意提醒、出於關心，並非帶著奇怪目光去看待這件事……我很理解親戚會有此憂慮，亦感謝她們的好意。」

　　家人一起吃素的好處，除了能互相支持，在家準備食物也比較簡單，不需要特別分開煮食。「我喜歡吃家常菜，尤其是媽咪煮的素食咖喱煲。在家自煮的好處是可以自己調味Mix and Match，無論是材料或用料都能自己控制。」

　　問及Phyllis素食的優點和缺點，她認為自己情緒變好了，不再那麼容易煩躁：「記得我以前每次吃完紅肉，尤其是牛肉，入睡時會覺得燥熱，茹素後已經不再有這類情況出現，感覺荷爾蒙引起的問題減少了。」初時她還未懂得吃補充劑，後來發現頭髮生長不如以往，感覺有輕微脫髮情況。經歷一年後，學懂了更多，知道要多吃不同類型的蔬菜和注意補充營養，整體健康又回復正常。

#個人心水好店推介

「頭一兩年由葷變素我經常吃素肉，因為素肉真的可以幫助自己度過適應期，以前會喜歡去有素肉的餐廳。」無可否認素肉始終是加工食品，偶一為之吃得開心無妨，但適可而止。「近年我比較喜歡去一些不使用素肉的餐廳，例如由日本廚師發辦的『居素屋』，我平均一個月會去三、四次，收費雖然稍高但菜式都比較精緻，用料新鮮。我自己並不覺得素肉一定是不好的，或一定要追求新鮮有機的食材，關鍵是要取得平衡，就算吃葷時你也會偶爾想吃點不一樣的東西，給自己多一個選擇也無妨。」

我認為素食是……

> 我認為素食是一種個人的選擇，是自己的一種信念……
> 我有時會擔心一些人誤以為素食者見到別人吃肉會不高
> 興，我覺得無需要有這種想法，因為每個人的飲食習慣都
> 是自己的選擇，取決於自己的信念，大家只要互相尊重便
> 足夠了。當然可能大部分的素食者都希望葷食者也能一起
> 茹素，如果有一天你能改變信念，為健康也好、為環境也
> 好而加入素食行列，大家都一定會開心和歡迎的。
>
> 食素是尊重生命，但這只是我個人的想法。有很多愛護動
> 物的人未必一定是素食者，但我相信他們也會做很多其他
> 事，以他們的方式去表達愛。或許他們只是未到時機茹
> 素，因為要成為素食者不是一件容易的事。
>
> 當大眾一出生就是肉食概念時，不是你個人想成為素食者
> 就能做到。你可能要面對家人反對，或者身體真的適應不
> 來的情況也時有發生。所以請大家不要覺得食素就是好、
> 食肉就是差，這種想法會變成一種執著。你覺得食素對健
> 康好，堅持自己的選擇就夠，對於其他人的選擇也應該理
> 解，並尊重其他人的決定。

香港餐廳種類數目多如星塵，數之不盡。行事低調的兩位年輕店主楊苑洪(Vivian)及李諾天(Justin)稱：「我們沒有花錢賣廣告，能在網上飲食平台找到我們的人，是一種緣份。」他們經營的素食店Just_inbakery，隱身於工廠區內，樓下沒有派傳單，也沒有廣告招牌，能吸引食客捧場的主要是靠口碑。

即使近年素食逐漸大流行起來，在香港茹素者仍屬小眾。他們原本的構思是想開一間咖啡店兼賣甜品，但顧慮到在工廠區人流高峰時間只集中在午膳，其餘時間生意不多，「我們其中一個合伙人是素食者，因此我們想試一試做素食，因為素食可以配合到這場地環境，又可以健康一點。」Vivian表示，經營素食店還有一個優點，就是廚房真的比葷食店乾淨很多。由於他們沒有炸物，使用的調味料也不多，頂多就是油、鹽、糖、豉油及香草，砧板及爐具都較容易清潔。

素食店主 ｜ 簡單回歸味覺初衷

令人感到意外的是，兩位店主稱自己不是全素食者，為甚麼不在菜單上加幾道肉食來吸引客源呢？求求生存，市面上也有不少打正旗號葷素共融的餐廳，賣得成行成市。Vivian真誠地回答：「考慮到我們的客人大多為全素食者，他們未必很想在一間葷食店內用餐。」他們確實很清楚素食人的喜好和想法，比一般茹素者更堅守素食原則，「我們絕不會在場內煮肉來吃，曾有客人想包場請我們煮一兩道葷食，我們也拒絕。」

> 我們沒有刻意去想自己是不是素食者，
> 想吃甚麼就吃甚麼，簡單如一碟灼菜，
> 只要材料新鮮，加數滴油已經好美味。

楊苑洪 Vivian

　　另一身份是舞台劇演員兼導師，因其母親是佛教徒及素食者，自小跟隨母親吃她煮的素菜，在母親的薰陶下，對各種素食食材早有認識。根據過往她在咖啡店工作的經驗，常被顧客詢問咖啡的種類和口味，深覺一言難盡；到自己設計 MENU 時就索性講白一點，例如「得一啖」就是意式咖啡 Espresso，簡單直接又引到你笑。

李諾天 Justin

　　靚仔甜品師兼主理人，擁有10年甜品製作經驗，屬於自學型廚師。他喜歡鑽研世界各地的經典蛋糕，結合「減法」，以最少的材料炮製甜品，減少不必要的裝飾，將甜品反璞歸真，自成一套獨特風格。招牌手工蛋糕包括朱古力辣椒二重奏、沙架蛋糕 Sachertorte、巴斯克芝士蛋糕等，手工優雅細膩。

　　Just_inbakery目前雖已結業，但他們正籌備新店叫「素心事Sow.Something」，一眾熟客及支持者都期待著，希望他們在不久將來重新登場。以上是節錄採訪當日，根據他們仍在經營該素食店的內容作要點。

聯絡：6592-0365
IG：sow.something
FB：素心事 Sow.Something
IG：just_inbakery
FB：Just_inbakery

> "
> 我們希望不依靠素肉也能做出美味的菜式，吸引到大家多吃素。
> "

　　Vivian表示，他們經營素食店後才開始去鑽研素食，整個MENU都是由他們落手研究，將自己平時愛吃的東西演變成素食。「我們的餐單上沒有任何加工素肉，所有菜式都以天然材料去煮，我不想用仿肉來吸引顧客。我總覺得如果一個人真的好想食肉，就不如食真正的肉。」這一點筆者也非常同意，不少人想在素食中尋找肉食的代替品，總是不太願意放棄這種口癮，其實是提醒著自己吃肉的美味。

　　Vivian經營素食店絕非偶然，它更像一種延續，對自己過往經歷的一個承接。Vivian憶述多年前曾患重病，幾乎命懸一線：「我當時醒後第一時間就想著一個念頭，我想從今以後都不再吃肉了。」但當時她正值於康復期，身體需要補足元氣，顧及家人的感受和擔憂，Vivian惟有放下自己的想法。她說：「今日我做素食店，算是一種緣份。」覺悟生命寶貴，願意尊重生命的人，便會明白素食的可貴。

#還原食物真味！
自然 X 減法 X 職人

擅長做甜品的掌廚人 Justin 認為，肉食和素食最大的分別，就是肉類必須調味才易入口，若只用水煮一定淡而無味。反而蔬菜只要夠新鮮，即使用清水灼熟，不經調味也足夠好味。所以他們對食材的選購絕不馬虎，「我們每朝都親自到街市購買材料，一來保證是新鮮貨，二來較容易買到時令蔬果，可以挑選到正值當造的農產品。」

他們一開始便有了核心理念，要做到有如演舞台劇一樣忠於原著，「我們製作甜品的理念是『自然 X 減法 X 職人』，意思是刪除多餘的東西，以最少的材料來炮製，將最原始真實的味道展現出來，凸顯食材的本質，回歸食物的基礎。」因此 Justin 認為，素食的本質跟他的甜品理念接近，可以用最少的材料去製作，盡量呈現食材的真實味道。而他自家製的甜品，盡可能由原材料開始做起，例如果醬、撻皮與酥皮都是手工製作，無人造色素或化學添加劑。

每次客人點菜，Vivian 都會耐心地跟客人講解食材和烹調法。她希望來幫襯的客人不只是裹腹，而是能清楚自己吃了甚麼進肚子，且能享受到每一種食物的味道，「全香港有7百萬人，大家的相遇可能只得一次，既然有這個緣份，我們都希望給予最好的服務。給客人一個最好的體驗，去享受這個空間。」

Vivian 信奉減少浪費原則，她會勸說客人不要一次過點太多食物，因為吃不完造成浪費實在可惜，不如先吃完一輪再看是否還有胃口。她更強調，這一年來接觸素食者多了，覺得茹素者的性格都較祥和。她建議，如果想讓自己脾氣好一些，可以考慮改變一下飲食習慣，多吃蔬食絕對有幫助。

> 過去這一年以來，我們都未遇過很刁難或野蠻的客人，真心覺得食素的人都很和善。

Justin表示，以往很多素食店具有濃厚的宗教色彩，會讓一些不同宗教信仰的人卻步，現在多了這類無宗教背景的新派素食店，讓不同背景的人可以共融起來。他亦建議：「本身是素食者的人，可以多帶葷食的朋友外出用餐，選擇一些中、西、日共融的素菜店，讓不是茹素的朋友更容易接受素食，至少不再抗拒食素。或者總有一天那個人在考慮吃甚麼時，會回憶起上一次的經驗，讓他有多一個選擇，令他有動力再去吃素。」

Justin直言：「其實大家追求的是好味道的食物，無需介意那到底是肉還是菜。為甚麼有人對素食卻步，是因為他們誤以為素食等於淡而無味。如果我們煮出來的素食是好味的，人們就會對素食有所改觀。」Vivian憶述，曾有一位客人本身是比薩店的老闆，他說在自己店裡從未吃超過三片比薩。但有一天跟隨朋友來這裡惠顧時，吃過第三片比薩後驚訝其美味，向Vivian詢問用料時，才發覺自己吃的原來是素食比薩，從此對素食改觀。

推薦百搭日式素咖喱

咖喱是一個簡單又容易烹調的菜式，只要有不同的蔬果一起煮，集齊不同顏色的食材，例如蓮藕、蘋果、橙、梨等，保證一定甜美。Justin分享道：「咖喱真是很百搭，配烏冬、法式麵包、白飯都一樣可以。你亦可以將平日吃剩的生果，或留下菜頭菜尾，用作咖喱材料。」

他表示，烹飪美食時間絕對是一大重要關鍵，讓食物擱置一段時間能增添食物的風味。尤其咖喱使用的香料較多，剛煮起時可能還未夠入味，存放一段時間後味道會更醇厚。「很多炆燉的食物都是放了一晚之後更香濃入味。如果一次煮了太多的咖喱，可將預計吃不完的分量以保鮮盒裝起，放涼後冷藏，第二日再翻熱來吃。」

問及烹調醬汁的秘訣時，Justin說：「可以買2至3款不同牌子的咖喱醬，各取一部分來混合，就能吃出不同風格的咖喱汁，更可在醬汁中加入香草、朱古力、咖啡來增添風味，令整體更濃郁芳香。」

我認為素食是……

Vivian

我小時候便開始有一種感覺，食素是一種積福，可以減少殺生……對非素食者而言，一間好的素食店是他們踏出第一步的素食新嘗試。

Justin

食素是個人的選擇，強迫不來的，多菜少肉已經很健康。如果有心想轉為食素的人，可由一個月食一餐開始，再加至一星期一餐，慢慢循序漸進，讓身心慢慢適應。

很多人都對茹素有這樣一個迷思，就是總覺得吃素會沒力氣。對於一個經常做運動的人來講，是否適合吃素大家都心存疑慮。Eric作為一名跑步教練兼馬拉松跑手，他認為：「茹素不但不會缺乏能量或降低你肌肉量，更可以幫助你提升運動表現。」因為身體消化肉類比蔬菜需要更多能量，蔬食變相令身體修復加快，可以加密訓練。因此坊間有運動員選擇從改變飲食習慣著手，將飲食化繁為簡，港隊劍擊代表江旻憓便是素食運動員的好例子。

　　Eric也有過不少為備戰訓練而調節飲食的經驗，他笑言：「我試過運動前一天食素，翌日運動時發現排汗的異味減少。」這是因為肉食者血液裡酸性物質較多，隨著汗液分泌出來會產生難聞的異味。因此少吃高脂食物，多吃綠色蔬菜，能中和酸性血液。但注意五辛類植物例如洋蔥、蒜頭、韭菜等同樣會令人產生強烈氣味，透過皮膚、口腔及汗液散發出來。

馬拉松跑手 ｜ 我只想身體健康！

Eric曾參加於摩洛哥南部舉行的撒哈拉沙漠馬拉松賽。

PROFILE

Eric Leung

　　業餘跑步教練及超級馬拉松跑手，曾衝出香港於2017年參加被視為地球上以雙腳參與的最艱苦賽事 - 撒哈拉沙漠馬拉松MDS，藉以挑戰自我；同時亦積極參加香港及世界各地各項跑步賽事，不時取得不錯的成績；空餘時間還致力於志願者工作，於大埔各處協助拯救流浪貓。

現代人的飲食不再以填飽肚子為目的，更注重品質、營養和健康，這個已經是大家很認同的觀念。Eric提醒：「蔬菜是否真的健康，要視乎它的來源。有些地方因土地及氣候適合種植某類蔬果，其口味自然較好。例如我試過在尼泊爾山區，從樹上摘下來的果實，入口甜美得令人感動。我亦到訪過海南的西瓜種植場，地上一個個大西瓜看似吸引，仔細觀察發現一罐罐農藥插在旁邊，令人望而生畏。」

Eric鼓勵大家支持本地農夫種的有機蔬菜：「有機種植因為排除農藥化肥，有些農作物外表雖然不甚美觀，但不影響口味，食得較安心。」他認為人類進食除了為裹腹充飢之外，還應清楚自己在吃甚麼？究竟為甚麼吃這些東西。他表示現代人的飲食習慣大有問題：「大家都知道鵝肝的製作過程極其殘酷，但這菜式仍被大眾視為 Fine Dining。還有牛奶雖然是非常普及的產品，大家亦都心知此類食品工業何其殘忍，卻仍然有人堅持每日要飲用牛奶。」

> 我們真的需要每日飲用牛奶嗎？這是我們應該要思考的問題。

Eric多年來積極參與各項跑步公開賽，於香港及海外屢獲獎項。

Eric 於2017年 完成的長跑公開賽 Marathon Des Sables。

Eric 並非嚴格的素食人士，但每個月總有些時候吃素或增加蔬食，隨心所欲。他猶記得自己初次接觸素食的經驗，比一般人要來得猛烈。「2015年我在台灣參加了一個為期十天的『內觀』訓練營，學習印度古老的禪修方法，整整十天吃全素。」

一向喜愛品嘗美酒佳餚的 Eric，這十天的閉關修練，對他來說理應是一大挑戰。筆者問及其感受時，沒想到飲食這個環節，對他來說卻是小事一樁、小菜一碟：「這十天的修行，食素對我來說並沒有太大的影響。因為在營內主要的活動是靜坐和冥想，沒有過多的體力勞動，也就沒甚麼牽掛和不捨。反而是禪修期間，全程禁用手機和不能與人交談，連眼神交流也不能有，這才是最難放下的事情。」

這種異常艱難的禪修方式，考驗著人的意志。Eric 並沒有因一時貪慾而功虧一簣，讓他堅定下來的是一股正向力量。有些人心底裡想嘗試素食，可是卻不願邁出第一步，每當發現身體有甚麼不適時，即會萌生放棄的念頭。人生好比一場馬拉松，修行如是，素食亦復如是。心裡急躁的人，往往跑不到終點，他們更需要毅力和堅持，保持勻速前行，才能穩步跑畢全程。

我認為素食是……

素食是生活上的一個選擇，對愛護環境和大自然的一種態度。我們要飲水思源！但這個『源』並非來自任何公司或機構，而是由大自然賦予的。

Chapter 2
素食生活解碼

素食主義是一種飲食文化，主張不食用肉類。但「素食」只是一個廣泛的概念，放諸不同的地域與文化中，就有不同的含義，當中亦衍生出多種不同派別。吃素除了心理因素外，健康考量也是常見原因之一，吃素到底健不健康？如素者該注意哪些原則才能吃得健康？本章節為你搜羅各方資訊。

＊本章所列數值及資料僅供參考，如有健康上的疑問，請諮詢營養師或有關的專業醫護人士。

食素不等於 ≠ 食齋

香港人把食素稱為「食齋」，那是因為以往素食者多為佛教徒及出家人，但吃素和吃齋其實是兩種不同的概念。吃素一般指日常飲食中不吃動物性食物，而持齋是自古以來各種宗教的一種修持行為，漢傳佛教弟子除不吃葷食，還會戒五辛，以清淨身心，跟現代「素食」或「蔬食」的理念不盡一致。

佛教中的「齋」有多個含義。第一是指「過午不食」[8]，是佛陀為其弟子定下的戒律，或稱「不非時食」[9]。出家人不可以在規定時間以外吃東西，指的是從正午至翌日天亮之前，所以過午後不再進食，這才叫持齋。

而佛經所提到的「齋戒」，包含了齋和戒兩個層面。齋來源於齊，有清淨整齊之意，如沐浴更衣、不吃葷等行為；戒則為杜絕一切嗜欲，以達到純潔的修行方式，佛教「八關齋戒」中的第一項就是不殺生。

印度教徒齋戒的方式是白天禁食，夜間祈禱守夜。根據梵文經典《艾卡達西》（Ekadasi），信徒須在每個（陰曆）半月的第十一日守齋戒一個晝夜，禁止進食，以磨煉身心，克制物質慾望。

基督教及天主教也有歷史悠久的齋戒傳統，每年的復活節前40天被稱為四旬期，這段期間所有星期五為大齋日，每日三餐中只可飽食一餐並禁止肉食，其餘兩餐的膳食減半，但各教派對大齋戒各有不同解釋，規則也不盡相同。

伊斯蘭教的齋戒稱為Ramadan，是五大功修之一，信徒須守齋戒一個月，即由伊斯蘭曆的9月第一個新月出現時開始，在日間停止飲食。齋戒月裡穆斯林每天凌晨3時至翌日16時封齋，以克制性慾和情緒，力求心靈清靜。

時至今日，素食的定義愈來愈多變，不再是以信仰為指標，亦非簡單的不吃肉類葷食而已，根據各人不同的理念和健康需求，而產生出多種不同的類別。

2-1

常見的素食分類

英文 Vegetarian 一詞可說是「素食」的大統稱，也可以寫成 Veggie。泛指不吃肉類，舉凡奶蛋素、海鮮素，甚至是彈性素，皆可歸類於 Vegetarian。隨著時代的轉變，素食文化已由不同人的需求而衍生出不同的派別。維基百科上記載了21類素食主義[10]，從純素至果食主義等各適其適，但有些派別例如「禽素」又似是而非。筆者整理了以下較常見的8種素食分類，供大家參考。

純素 Vegan

Vegan 所涉及的範疇遠超過 Vegetarian，更偏向一種純素主義（Veganism）。素食者與純素者都不吃肉，差別在於 Vegan 除了不吃肉類，也不吃蛋、奶及動物來源的副產品，包括燕窩、蜜糖。基於對愛護動物與尊重生命的認同，盡量亦不使用含動物成分的產品或經動物測試的用品。

那麼 Vegan 這個字是從何而來的呢？英國純素協會（The Vegan Society）之創立者 Donald Watson，於1944年創造了 Vegan 一詞[11]。他截取了 Vegetarian 的頭三個字母和尾兩個字母，組成了這個新名詞，表示純素食者是「素食者」的開端與終結（The beginning and end of Vegetarian）。純素主義由道德立場出發，提倡盡可能地排除對動物的剝削和殘忍行為。

生機飲食 Raw Food

生機飲食也被稱為「裸食」或「食生」，它是純素的一種，同樣主張不吃肉類、海鮮、蛋奶、蜂蜜等食物。但它在飲食準則上比純素更嚴謹，須達到以下幾項標準才算是生機飲食。

· 進食整全和天然的食物，如蔬果、豆類、堅果、穀物及種子等食物；
· 避免進食加工產品，或使用農藥、化學肥料、化學添加劑的食物；
· 主張以慢煮及低溫方法烹調食物，以增加營養吸收，如處理食材時不超過攝氏47°C溫度，避免因高溫加熱而破壞或流失食物中的營養成分。

佛系純素 Buddhist Friendly Vegan

筆者愛把「食齋」稱為佛系純素；東方與西方對純素的定義有所不同，西方人一般只要是植物性食物就算是純素或全素，而亞洲人例如台灣將五辛植物列入葷食。筆者就經常被問及：「五辛也是植物啊！為何要強調自己不吃五辛呢？」那是因為五辛在佛教經文[12]中被認為含有刺激性，容易刺激人的感官，影響情緒、滋生慾望。學佛修行的人，大多都會戒吃五辛，免除貪瞋癡。若五辛用於醫藥方面，例如患者因病況需要服用，則可作別論。

果食者 Fruitarian

簡單來說就是只吃水果的人，果食主義是由純素食進化而來的新興派別。崇尚果食主義的人認為植物也擁有生命，主張只吃植物「會自然掉落」的果實，例如水果、堅果、穀物、豆類、種子等，所以他們不吃植物的根、莖、葉、花類部分。

至於茄子、番茄、青瓜、辣椒等雖然看似蔬菜，不似水果，但卻屬於植物的果實，因此也可以歸類為果食者的主食之一。

有些果食者一天三餐只吃水果及搭配少量堅果，有些人則是8成以上水果＋2成蔬菜或其他飲食，以攝取足夠營養。蘋果創辦人 Steve Jobs 便是眾所皆知的果食者，有指這亦是蘋果公司命名的起源。

你可能會感到疑惑，果實也是植物的一部分，為何果食者不吃蔬菜卻吃水果？這是基於植物繁殖的生態原理。大部分植物會利用果實來傳播種子，最普遍採用的方式是經由雀鳥或其他動物進食其果實，把種子帶到其他地方後排泄出來，從而繁衍後代。所以植物為了吸引動物幫忙播種，一般會長出鮮豔美味的果實給動物食用。因此動物與植物之間，有互惠共生的關係。

蛋奶素 Lacto-ovo Vegetarian

即除了不吃肉類、海鮮等食物之外，仍會吃蛋類和奶類製品，如牛奶、芝士、乳酪等。當中也有因個別情況不同而分為「蛋素」或「奶素」。

海鮮素 Pescatarian

海鮮素由意大利文的魚（Pesce）和素食（Vegetarian）兩字合併，意即吃魚類的素食者，延伸至今變成海鮮素，即是只吃海鮮，不吃其他肉類，雞蛋和奶製品則是因人而異。

彈性素 Flexitarian

彈性素飲食法是由美國營養師Dawn Jackson Blatner 所提出，採用多吃菜、少吃肉的飲食模式。彈性素者雖然依舊食葷，但整體仍以蔬食為主。主張吃原型蔬果、豆類、穀物等天然食材，不建議進食素肉，避免攝取過多的加工食品。

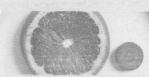

五辛素 Five Pungent Spices Vegetarian

五辛素的定義，就是素食者除了只吃蔬菜水果之外，還會吃五辛類食物，包括蔥、蒜、韭菜、洋蔥等。在西方來說除非你有特定的宗教信仰，否則吃五辛素等同吃純素或全素。而台灣因為素食者眾多，當地素食產品極為多元化，所以早就把素食的定義列明清楚並列入法規中，任何包裝產品如含有五辛類植物成分，必須標示「植物五辛素」等字樣，不能與純素混淆，詳細內容請翻至第2-27頁。

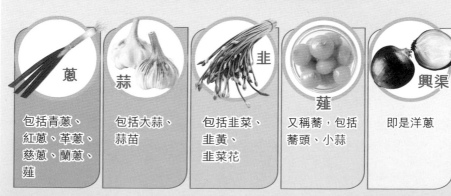

蔥	蒜	韭	薤	興渠
包括青蔥、紅蔥、革蔥、慈蔥、蘭蔥、薤	包括大蒜、蒜苗	包括韭菜、韭黃、韭菜花	又稱蕎，包括蕎頭、小蒜	即是洋蔥

素食分類	蔬菜	水果	五辛	雞蛋	牛奶/奶製品	海鮮	肉類
佛系純素 / 守齋 Buddhist Friendly Vegan	✓	✓	✗	✗	✗	✗	✗
純素 / 全素 Vegan	✓	✓	✓	✗	✗	✗	✗
果食者 Fruitarian	✗	✓	✗	✗	✗	✗	✗
生機飲食 Raw Food	✓	✓	▲	✗	✗	✗	✗
蛋奶素 Lacto-ovo Vegetarian	✓	✓	▲	✓	✓	✗	✗
蛋素 Ovo Vegetarian	✓	✓	▲	✓	✗	✗	✗
奶素 Lacto-Vegetarian	✓	✓	▲	✗	✓	✗	✗
彈性素 Flexitarian	✓	✓	▲	▲	▲	▲	▲
海鮮素 Pescatarian	✓	✓	▲	▲	▲	✓	✗
五辛素 5 Pungent Spices Vegetarian	✓	✓	✓	✗	✗	✗	✗

備註：✓ 可吃，✗ 不吃，▲ 可吃或不吃

　　總的來說，果食主義、生機飲食等是較嚴謹的一種純素概念，對健康和環境可持續性有明顯的好處，但每個人的體質不一樣，是否適合因人而異。蛋奶素、彈性素、海鮮素嚴格來講只算是不吃肉，但這種飲食方式是讓葷食者跨進素食界的第一步，大開方便之門。

　　筆者認為每個人只要量力而為，為健康著想首先讓自己飲食清淡一點，盡量減少進食調味醬料及加工製品，飲食力求營養均衡，烹調食物時避免過於高溫，達到以上基本飲食原則就夠了。進食時對萬物懷著感恩之心，保持心境開朗，就是健康的飲食模式。

基於不同情況，每個人食素都必有其原因。除了宗教因素，近年還多了幾個大趨勢，包括環保、健康及道德等等。每個人都有選擇食物的自由，各人心裡都有屬於自己的素食定義。以下的素食三大歸類內容，或能讓你反思一下自己有甚麼理由要吃素。

你有甚麼理由吃素？

一）環保素食

由於畜牧業過度發展製造污染，許多環保人士都主張茹素，避免地球生態遭受暖化破壞。其影響如下：

產生溫室氣體

根據聯合國糧農組織（FAO）報告[13]，每年畜牧業釋放了全球總溫室氣體的20%，對地球溫度的正常水平影響頗大。因為牲畜飼養會產生三種溫室氣體，包括甲烷、二氧化碳和氨氧化物，以甲烷對溫室氣體的影響最大，其次是二氧化碳。牛隻因通過消化過程產生甲烷，而甲烷的暖化潛能比二氧化碳高21倍。

人類為了養殖牲畜而改變土地利用，摧毀樹林不僅增加碳排放，令原有的生態系統受影響，甚至造成氣候改變。而將牲畜加工轉化為糧食的過程，約有3分之1的資源被浪費[14]，透過掩埋與焚燒方式處理後，同樣製造大量溫室氣體。

港大的研究結果指，香港是其中一個人均肉類消費量最高的城市[15]，2016年香港的肉類和奶製品總消費量約23億公斤，每人每日平均肉類消耗達664克，尤以牛肉和豬肉的消費量最多，攝取量是英國人的4倍多。研究顯示，香港全年的消費碳排放量為1.09億噸，是全球人均最高碳排放地方之一。如市民按衛生署的「健康飲食金字塔」營養指南，減少大量進食肉類，嘗試多菜少肉，香港肉類消費碳排放量將可降低67%。

浪費糧食資源

全球有33%的耕地[16]的農作物被用作飼養農場動物的飼料,換言之全世界有超過3分之1的糧食用於養活牲畜,以滿足人類對肉食的需求。畜牧業需要的水資源,亦是另一個嚇人的天文數字,肉類生產需要的水量是穀物的6至20倍[17]。生產1公斤的牛肉需要用到15,500公升的水,而生產同量的番茄只需180公升水,生產1公斤的薯仔需要250公升水[18]。

如果人們減少食用肉類,將有更多的可耕地被空出,直接用來種植人類的糧食。有研究指出,如果世上完全沒有肉類與乳製品的需求,全球農業用地可以減少75%,同時可以餵飽更多的人[19]。人類只要吃少一點肉,便能減少大量的能源消耗,農作物單價亦會隨畜牧業需求減少而降低,如此一來,貧窮國家也可以有能力買到足夠的糧食。

二)健康素食

從健康的層面來選擇飲食,例如有些人因為心血管疾病或健康所需而選擇吃素,以降低腦中風或減少膽固醇攝取量,保持血管及腸胃道消化正常。愈來愈多的醫學數據指出,動物性脂肪是引發疾病及損害健康的一個重要因素。

三)護生素食

顧名思義就是關懷生命,基於眾生平等,不忍動物受殘害的行動理念。為了供人類食用之需,動物每天遭屠宰的數目已龐大到令人難以想像。2020年單在美國就有逾120億頭牲畜被宰殺[20],而這一數字還未包括海洋中的魚類及海產,也未考慮死於實驗室內、用於活體實驗的動物。

在過去50年，全球人口翻了一倍，肉類生產量卻不只增加了一倍。據2018年的一項統計，全球每年約800億隻動物被屠宰作為食物[21]，包括接近690億隻雞、15億頭豬、5.74億隻羊、4.79億隻山羊、6.56億隻火雞及3.02億頭牛，尤以雞隻的數字領先所有肉類，數值升幅超過10倍。報告中世界各地的肉類（牛、豬、羊、家禽和野味）消耗量差異極大，澳洲的人均肉類消耗為116公斤、歐洲為80公斤，中國更是自1961年以來增長了15倍，相比之下，儘管印度在人口方面迅速增長，人均肉類消耗量卻不到4公斤；令人敬佩的是，該數值在過去50年來變化不大。

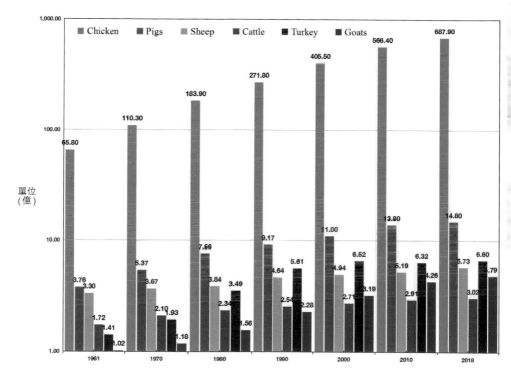

Source：Meat and Dairy Production, Hannah Ritchie and Max Roser, Our World in Data, 2019 https://ourworldindata.org/meat-production

Note：This is based on (FAO) livestock production for meat (not include dairy or egg production)

備註：
1. 以上為1961年至2018年之間根據 Meat and Dairy Production 的數據，為簡化起見，只顯示每隔十年之變化作參考，其他年份從略；
2. 以上數值以中文數字「億」作單位，與統計原文的英語寫法不同，例如687億 =68.7billion；
3. 數值只限陸地動物，包括雞、豬、羊、牛、火雞、山羊，不包括海洋生物。

在你大啖吃炸雞的時候，也許從未真正想過這些肉類生產的背後，是如何浪費資源和影響生態環境。希望我們每個人都能從飲食中覺醒，由一日一餐素開始慢慢地減少對肉食的需求，停止浪費食物並嘗試植物性飲食，這樣或多或少能帶來改善環境的漣漪效應。

根據前文所述，素食又分為多種類別。純素是其中最嚴謹的素食者，食物清單裡只有植物、穀物等東西，不含肉類、海鮮、蛋奶、五辛等食品。因此純素者平日在進食時，常要留意各種食品的成分。有部分產品雖然看似跟肉類無關，但也可能內含動物性添加劑。想要確保自己吃下肚的東西是全素，購買前要多加留意食品成分，否則一不小心就可能跌入各種小陷阱。現在就來探討一下，有甚麼東西是素食者不能吃的。

吓咩話！這些食物不是素？！

紅色食品

不少商人為了提高消費者的購買意慾，令食品的色澤鮮紅，通常會在產品中添加食用色素，如飲料、糖果、果醬、火腿、香腸等食品上。但你知道這些色素是用甚麼做的嗎？它是取自「胭脂紅」（Carmine），其食品添加劑的編碼為E120。而這其實是一種叫胭脂蟲（Cochineal）的昆蟲碾碎製成的，因此素食者要小心選擇。

棉花糖、軟糖

一般市面出售的棉花糖、軟糖等食品，都會添加「明膠」（Gelatin）作為凝固劑或乳化劑。明膠是從魚皮、豬皮、牛骨等提取的一種成本低廉產品，本身無色無味，主要令食物口感Q軟有彈性，是常見的食物添加劑，常使用在軟糖、啫喱、果凍、雪糕、藥物膠囊等。

芝士

蛋奶素食人士，如果基於愛護動物的理由茹素，就要小心選擇。芝士是牛奶凝結後取得的固體物，其凝結方式有兩種，一是加入乳酸菌或酸性物質，如茅屋芝士（Cottage Cheese）、意大利Ricotta芝士等均屬此類，蛋奶素者可食用。另一種製法是加入凝乳酶（Rennet），凝乳酶分為植物性和動物性，前者萃取自無花果的樹液，後者則來源於牛胃、豬胃和羊胃。水牛芝士Mozzarella、布里芝士Brie，便是使用動物性的凝乳酶製造。

珍珠奶茶

珍珠奶茶除了因為牛奶不適合Vegan飲用，珍珠奶茶內的珍珠也是加入明膠製作的。不過近年有純素珍珠奶茶店登陸香港，標榜用木薯粉製作珍珠，並以植物奶代替牛奶，可以考慮一試。

無花果

無花果本來就是天然果實，怎麼會是葷食呢？大家可能忽略到一件事，野生無花果是由雌性黃蜂幫忙授粉的。而無花果是雌雄異株的，雄性無花果內部比較寬敞，小黃蜂鑽進去就是為了產卵繁殖後代，完成使命後在果實內死亡。其屍骸被無花果的酵素分解為蛋白質，成為果肉的一部分。嚴格的純素飲食者還是避免食用為佳。

韓式泡菜

韓式泡菜是由大白菜醃製而成，素食者本應可放心食用，但一般韓式泡菜都會添加魚露、蝦醬之類的海鮮調味，素食者不免要敬而遠之。所以如果想食泡菜，應選購標明素食適用的泡菜。

葡萄酒、啤酒

　　傳統的葡萄酒釀製過程會使用骨髓、牛奶蛋白質、貝殼等作為過濾媒介。而啤酒則會加入魚膠使之變得清澈，魚膠是由魚鰾製作而成，能讓酵母凝聚成大塊沉澱物，迅速去除啤酒的混濁體。

　　不過近年有廠家改用其他東西代替魚膠，包括Hoegaarden、1664、Sapporo等都是Vegan Friendly啤酒。如果想知道自己飲的啤酒是不是純素，可以到以下網站查詢，只要輸入你想知道的啤酒品牌，即可出現相關資料。

Barnivore http://www.barnivore.com

味噌湯

　　簡單的一碗味噌湯，雖然只有昆布、豆腐和蔥花，但實際上其鮮味是來自柴魚。提醒素食者不要貪方便，隨便走入餐廳叫一碗味噌湯來喝，不少葷食店還會加入蝦頭熬製湯底，想安心還是尋找素食版本的味噌湯較為適合。

早餐麥片

　　判斷食品是葷或素，不能只看產品名稱。市售的早餐麥片不一定是全素，有機會加入了維他命D。而維他命D可分為D1、D2、D3、D4、D5等，其中D2來自植物，D3是由動物脂肪提煉而成，萃取來源為羊毛脂，所以如果你是素食者可選擇D2。

吃素算不算殺生？

植物也有生命！

　　植物也是生命，為甚麼素食者不吃動物，卻吃植物呢？這是有類似疑惑的人經常提出的論點，也是很多素食者被問過的問題。首先，筆者不能代表每一個素食者回答這個問題，始終每一個人茹素的情況都不一樣。但作為一名素食者，我覺得有必要完整地理解以下幾點概念。

1. 果食主義：

　　確實有一部分崇尚純素主義的人認同以上觀點——植物同樣是生命，也因此衍生出「果食者」的素食類別。他們捨棄正常飲食，只吃自然掉落的果實及種子。其概念來自生物界中互相依賴、互利共生[22]的生態現象。植物藉由製造美味多汁的果實，以吸引哺乳類動物或雀鳥食用，有助於種子傳播。這些不易被消化的種子，隨著動物的糞便被排出體外，從而繁殖後代。換言之動物與植物之間，存在共生的關係。這也是為何果食者一直堅持不吃蔬菜，只吃成熟落地的果實類和種子類食物，以避免殺生。這一種終極的飲食方式，可以說是吃素的最高境界。

2. 生態循環：

　　植物可以通過撒播種子延續生命，而且植物有非常強的再生能力，有許多蔬菜的根、莖都可以獨自生長成為整株植物，稱為無性繁殖；例如剪取薄荷葉的頂枝，摘掉枝條下部的葉子再插進泥土，它仍然繼續生長；番薯葉的繁殖力更強，摘取其頂部嫩葉，過幾天也會再生數片葉子出來，源源不斷，整棵植物長得更綠更茂盛。有些植物則提供其果實或根莖作為食用部位，例如番茄、蘿蔔等若無人去採摘，也會自然枯萎死亡。反之，如果有人及時去採收，便能激發更多生機生長，從而獲得更多果實和種子，有利於繁殖下去。

3. 植物的感官：

　　植物沒有大腦和中樞神經系統，它們不像動物般會出現恐懼。收摘其果實枝葉，會激發再生，長得更茂盛。但捻碎植物的葉子時，植物確實會有一些反應。美國威斯康辛大學（University of Wisconsin）近年的一項研究[23]發現，植物在受到傷害時，會分泌出一種含有鈣的物質，在細胞之間傳遞。但研究人員相信，此反應是為了避開有害的昆蟲，減低被昆蟲進食的機會。

4. 佛教對生命的定義：

佛教對眾生的劃分是「有情」和「無情」，人類和動物一樣是有情眾生[24]，有喜怒哀樂等覺性，能感受八苦，即生老病死之苦、愛別離苦、怨憎會苦、求不得苦、五陰熾盛苦等，所以蟲蟻都會逃避死亡的危險，植物則不然，雖有生長的現象，卻無覺知的心性，故屬於無情眾生。它們沒有快樂與悲傷等感受，沒有記憶，無報復、怨恨之心，不具備五蘊（色、受、想、行、識），不能感知八苦，不在六道輪回中經歷生死，不受善惡業的牽引。因此，殺生的界定，是以不殺害有情眾生為根本。

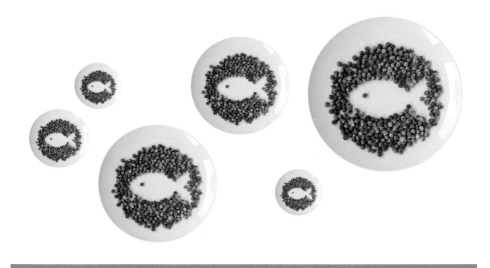

植物也有生命，這當然是肯定的。素食者不吃動物除了為健康、為環境，也為了不殺生，如果你支持不殺生，那麼只要你放棄肉食，一同加入素食者行列就能減少殺生的機會。因為世上消耗得最多農作物的就是畜牧業，飼養動物所需的飼料大部分來自穀物，根據聯合國糧農組織（FAO）報告[25]，全球有超過33%的農田用於生產飼料養活牲畜。

生產肉類不但耗盡地球大量能源、土地和水，引起糧食價格上漲，造成第三世界國家的糧荒問題，養牛業更是導致亞馬遜森林被砍伐的首要原因。多年來我們浪費了地球的產物和資源，來生產效率極低的肉類，以滿足市場需要。據說每生產1磅牛肉需用16磅穀物[16]，但這些資源本可以分配給更多有需要的人。如果人類能減少嗜肉、減少畜牧業，就不需要那麼多的禽畜飼料，直接就能減少眾生的殺戮了。

人類為求生存，必須進食東西，在動物與植物之間作選擇的話，吃植物是無可厚非的事。惻隱之心，人皆有之。植物雖然未具情識，但眾生都有生存的權利，在進食蔬果時我們仍要懷著感恩之心，感激它們犧牲奉獻，提供能量給自己維持生命的動力。

維他命C含量排行榜

維他命C又稱抗壞血酸（ascorbic acid），是一種水溶性的抗氧化劑[27]，有助增強自身的抵抗力。但我們身體無法自行合成維他命C，故需從膳食中攝取，通常新鮮水果的含量較多。説到這裡……你可能第一時間會想到鮮橙和檸檬！其實柑橘類水果的維他命C含量不算突出，每100克(g)鮮橙只有53毫克(mg)左右。跌破眾人眼鏡的是，青棗、番石榴、紅心芭樂等才是真正的水果之冠，其維他命C含量比鮮橙高出四倍多。

除了進食水果，蔬菜也是攝取維他命C的來源之一，含量豐富的蔬菜例子有燈籠椒、苦瓜、羽衣甘藍、辣椒等。紅辣椒的維他命C含量甚至比鮮橙高出兩倍多，但辣椒不可能一次吃太多，從方便程度來講燈籠椒類才是補充維他命C的首選，免烹調即可食用。

由於維他命C容易受熱力破壞，一般蔬菜烹調後都會流失一部分的維他命C。因此不妨多挑選新鮮蔬菜來吃，例如燈籠椒、苦瓜、豆苗、紅椰菜、羽衣甘藍等都可以生吃。至於西蘭花及椰菜花等則不宜生食，必須徹底洗淨及加熱烹調才可進食，烹煮後的西蘭花仍保留著64.9毫克的維他命C，含量依然高於很多蔬果。

盤點維他命C的好處

維他命C具有多種功能，最常用來預防和治療感冒、增強身體免疫力等，維他命C也被視為保養肌膚的聖品。整理各種功效如下：

對抗疾病：
- 幫助白血球抵抗細菌和病毒，增強免疫力，具抗氧化作用
- 感冒初期服用，能縮短病程的時數，抑制組織胺的形成，減緩咳嗽、流鼻水等症狀
- 有助降低血壓水平，預防動脈硬化

幫助吸收鐵質：

植物性食物中的鐵質屬非血紅素鐵（non heme iron），吸收率比肉類的低，鐵質與含有維他命C的食物一起食用的話，能使鐵離子Fe^{3+}還原成亞鐵離子Fe^{++}，可加強鐵質吸收，提升補血功能。

改善肌膚：
- 讓胺基酸合成效果提升，促進膠原蛋白生成，有助皮膚傷口癒合
- 預防膠原蛋白的流失，延緩肌膚的老化
- 具美白功效，抑制及預防黑色素的生成，防護紫外線傷害

常見水果維他命 C 含量

青棗	番石榴	紅心芭藥[28]	歐洲黑加侖子	金奇異果
243mg	228.3mg	214.4mg	181mg	105.4mg
釋迦[29]	龍眼	荔枝		
99mg	84mg	71.5mg		
木瓜	柚子	士多啤梨	鮮橙	檸檬
61.8mg	61mg	58.8mg	53.2mg	53mg

備註：以上每100克(g)水果中維他命C含量(以毫克(mg)為單位)

常見蔬菜維他命 C 含量

黃燈籠椒△	紅辣椒△	紅燈籠椒△	苦瓜△	羽衣甘藍
183.5mg	143.7mg	127.7mg	120mg	120mg
西蘭花#	紅椰菜△	豆苗△	椰菜花#	
64.9mg	57mg	88mg	44.3mg	

備註：以上每100克(g)蔬菜中維他命C含量(以毫克(mg)為單位)
△生食　#食物經烹煮處理

每日一鮮橙到底夠不夠？

疫情下除了搶糧食，藥房的傷風感冒藥以及維他命 C 補充劑亦被一掃而空。到底維他命 C 要吃多少才足夠？根據歐洲食品安全局的資料，成人每天建議的攝取量[30]為45毫克 (mg)，上限為1,000毫克 (mg)。

維他命 C 吃多並不會有額外的好處，只會增加人體負擔，身體亦會自動排走多餘的分量。而維他命 C 在體內代謝需要3-4小時，代謝的過程會產生草酸，市面上的維他命 C 補充片動輒都是1,000毫克 (mg)，長期服用有可能增加草酸鈣結石的風險，建議從天然蔬果中補充即可，無需額外服用補充劑。按衛生署「日日2+3」的飲食指引，每日進食2份水果及3份蔬菜，已能達致飲食均衡、獲取充足的營養。

參考資料：

食物安全中心營養查詢系統   https://www.cfs.gov.hk/tc_chl/nutrient/index.php

衛生署衛生防護中心   https://www.chp.gov.hk/tc/static/100011.html

純素的優質蛋白

　　一般來說，人體的蛋白質由20種氨基酸組成，其中9種需由食物攝取，剩餘的11種則可由人體自行合成。動物性蛋白就有齊人體9種必需胺基酸，而多數植物性蛋白則只含其中幾種氨基酸，故稱為「不完全蛋白質」。

　　但植物性蛋白一般較穩定，即使經過烹煮，營養也不易流失，而且植物食材同時含有大量膳食纖維，其脂肪及膽固醇也相對肉類低。因此只要均衡食用不同類型的植物性食物，如豆類、堅果、蔬果、糙米或穀物等，就可以補充足夠的蛋白質。

堅果類

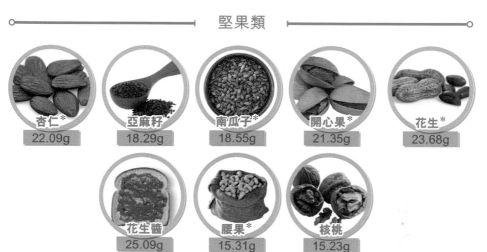

杏仁*	亞麻籽	南瓜子*	開心果*	花生*
22.09g	18.29g	18.55g	21.35g	23.68g

花生醬	腰果*	核桃
25.09g	15.31g	15.23g

備註：以上每100克 (g) 食物中蛋白質含量（以克 (g) 為單位）
＊食物經烘烤處理　　　　＃食物經烹煮處理

豆類

炸豆腐#	天貝#	納豆	鷹嘴豆#	眉豆#
17.19g	18.19g	17.72g	8.86g	8.49g

黃豆	黑豆#	毛豆#	紅豆#	綠豆#
9.16g	8.86g	12.35g	7.52g	7.02g

植物類

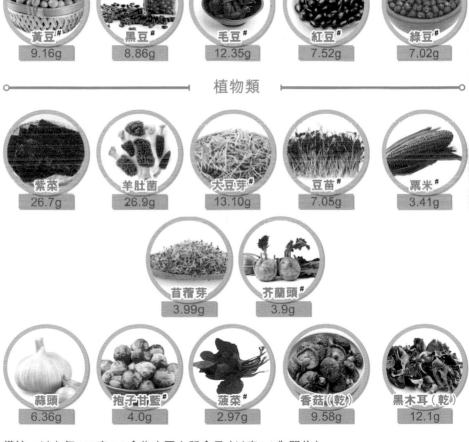

紫菜	羊肚菌	大豆芽#	豆苗#	粟米#
26.7g	26.9g	13.10g	7.05g	3.41g

苜蓿芽	芥蘭頭#
3.99g	3.9g

蒜頭	抱子甘藍#	菠菜#	香菇(乾)	黑木耳(乾)
6.36g	4.0g	2.97g	9.58g	12.1g

備註：以上每100克(g)食物中蛋白質含量（以克(g)為單位）
＊食物經烘烤處理　　　　#食物經烹煮處理

參考資料：
食物安全中心營養查詢系統

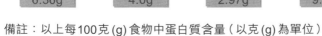

https://www.cfs.gov.hk/tc_chi/nutrient/index.php

素食者不喝牛奶如何補鈣？

　　說到高鈣的食物，大多數人首先會想到牛奶及乳製品。但是對於吃全素或對牛奶敏感的人，要如何補充鈣質？其實許多來自植物性食品都含有豐富鈣質，如深綠色蔬菜、豆類、乾果、堅果等。一般而言，成人每天的鈣質攝取量應不少於1,000毫克(mg)[31]，這裡幫大家整理了高鈣食物名單，讓大家有更多的補鈣選擇。

─○─ 常見高鈣食物 ─○─

芝麻	奇異籽	高野豆腐∞	納豆◎	莧菜#
989mg	631mg	364mg	217mg	209mg

薄荷葉	無花果乾	小松菜#	羽衣甘藍	菠菜#
199mg	162mg	158mg	145mg	124mg

備註：以上每100克(g)食物中鈣質含量（以毫克(mg)為單位）
＊食物經烘烤處理；　　　　　　　　＃食物經烹煮處理；
∞食物脫水後經乾燥處理；　　　　　◎食物經發酵可即食

天然高鈣食物一覽

蔬菜類[#]	鈣質含量
菠菜	136mg
芥蘭	100mg
秋葵	96mg
小白菜	93mg
大豆芽	82mg
芥菜	74mg
茼蒿	69mg
莙薘菜	58mg
通菜	54mg
西蘭花	51mg
牛蒡	49mg

堅果類[*] / 種子類	鈣質含量
杏仁	266mg
亞麻籽	255mg
榛子	123mg
開心果	110mg
核桃	98mg
花生	88mg
花生醬（低糖）	72mg
碧根果仁	72mg
雜錦果仁	70mg
夏威夷果仁	70mg
葵花仁	70mg

水果類[△]	鈣質含量
黑橄欖	88mg
羅望子	74mg
金橘	62mg
醃青橄欖	52mg
提子乾	50mg
橙	40mg
桑葚	39mg

豆類	鈣質含量
炸豆腐	372mg
毛豆[#]	145mg
四棱豆[#]	142mg
大豆[*]	140mg
眉豆[#]	128mg
天貝[#]	96mg
四季豆[#]	63mg

備註：以上每100克(g)食物中鈣質含量（以毫克(mg)為單位）
＊食物經烘烤處理；　　　◎食物經發酵可即食；
△生食；　　　　　　　　#食物經烹煮處理（焓／炒）

參考資料：
食物安全中心營養查詢系統　　　https://www.cfs.gov.hk/tc_chi/nutrient/index.php

五色蔬果飲食法

想確保攝取足夠的食物達到營養均衡，最簡單和直接的方法，就是盡量進食各種顏色的食物。自然界的植物接受陽光雨露的滋養，有著不同的養分，為萬物提供食物和能量。《黃帝內經‧五藏生成》中記載[32]，色味當五藏：白當肺、赤當心、青當肝、黃當脾、黑當腎。

也就是說，中醫把不同顏色的食物歸屬於人體的五臟：紅色入心，青色入肝，黃色入脾，白色入肺，黑色入腎。舉例來說，黑色入腎經，多吃黑色食品能補腎，有助增強人體免疫功能。常見的黑色食物則有黑棗、黑芝麻等。五色食物非常的多，而且都是隨手可得，素食者只要每天融入一些在餐單之中，就能調和五臟、滋補強身，達到均衡飲食的目標。

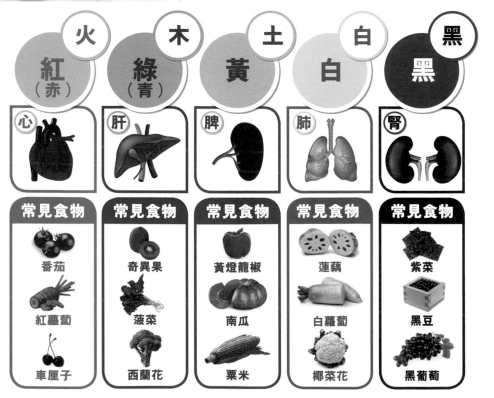

火	木	土	白	黑
紅（赤）	綠（青）	黃	白	黑
心	肝	脾	肺	腎
常見食物	常見食物	常見食物	常見食物	常見食物
番茄	奇異果	黃燈籠椒	蓮藕	紫菜
紅蘿蔔	菠菜	南瓜	白蘿蔔	黑豆
車厘子	西蘭花	粟米	椰菜花	黑葡萄

紅（赤）

對應：心

中醫認為紅色為火，紅色食物進入人體後可入心、入血。從營養角度來講，紅色水果多含有茄紅素（Lycopene）、花青素等抗氧化劑，有助降低患心血管疾病的風險。茄紅素主要存在於細胞壁，加油烹調，可以讓番茄釋放更多茄紅素，有助提高吸收。每天攝取約30毫克，相當於一瓶番茄汁或五顆小番茄就足夠。

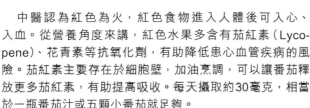

常見的紅色食物： 番茄、紅蘿蔔、紅棗、紅豆、車厘子、洛神花、紅菜頭、紅米、紅石榴、火龍果

綠（青）

對應：肝

從中醫學角度解釋，綠色食物具有舒肝、強肝的作用，具解毒功能。事實上，深綠色蔬菜含豐富的鐵質，但植物性鐵質的吸收率偏低，然而配合含維他命C[33]的水果一起進食的話（奇異果、紅心芭樂等），可大大提升鐵質的吸收。每餐進食一顆奇異果，即相等於100毫克(mg)的維他命C，就能增加6成以上的鐵質吸收率。

不過用餐前後最好相隔2小時才飲用茶、咖啡，因這些飲料中的單寧酸會阻礙鐵質吸收，愛喝咖啡又想補鐵的人需注意。

常見的紅色食物： 奇異果、西芹、青豆、綠豆、菠菜、西蘭花、毛豆、青瓜、豆苗、蘆筍

土

黃

對應：脾

　　黃色五行屬土，能入脾胃，調節新陳代謝。黃色食物可以健脾，同時增強腸胃功能，因此多吃黃色蔬果，可以促進身體消化和排毒，幫助人體吸收，對脾、胃都有利。例如番薯、南瓜等都是補中氣、暖胃健脾的食物。早上9點至11點正巧是脾經運行之時，早餐多吃黃色食物，對於脾胃有極大的幫助。

常見的紅色食物：番薯、薯仔、香蕉、黃燈籠椒、栗子、南瓜、粟米、木瓜、花生

白

對應：肺

　　白色食物在五行中屬金，入肺經，普遍具有養陰潤肺的作用，如百合、雪梨、雪耳等有補肺潤燥、滋陰益氣等功效，在秋冬時效果尤明顯。白色食物可增強肺腑之氣，提高肺腑器官抗病毒能力，止咳化痰，治虛勞咳血，例如米、麵及雜糧類食物，可使人體獲得澱粉、蛋白質等成分，提供身體所需的能量。

常見的紅色食物：蓮藕、大米、雪耳、白蘿蔔、椰菜花、杏仁、銀耳、荔枝、百合、雪梨

黑

對應：腎

　　中醫認為黑色主水，入腎經，而腎具有貯存精氣的作用，為人體生殖系統、生長發育和造血功能有密切關係。一旦出現腎氣不足，就容易怕冷、易累、水腫、腰膝痠軟。

　　如果想補益腎氣，多進食黑色食物便是最直接的方法。黑色食物是指顏色呈黑色或紫色的天然植物，此類食物含豐富的維他命和植物蛋白，例如黑棗性溫味甘，有補中益氣、補腎養胃和補血的功能。下午5點至7點為腎經運行之時，這些時候吃少許黑色點心，有助養腎。

常見的紅色食物：黑棗、黑米、黑芝麻、黑豆、紫菜、昆布、黑木耳、葡萄、黑藜麥

素食產品標籤懶人包

「素食」一詞，其實只是一個廣泛的概念，放諸不同的地域與文化中就有不同的解讀。例如漢傳佛教主張戒除蔥蒜等五辛，因五辛會刺激人的感官而影響情緒，引起貪著，修行者通常不碰五辛。相比之下，西方的 Vegan 並沒有禁止食用五辛，因為五辛本來就是植物的一種。

根據 The Vegan Society 的資料[34]，純素主義（Veganism）是指一種哲學和生活方式，排除一切剝削和虐待動物以獲取食物、衣服或其他目的為由的行為⋯⋯全文完全沒有提及過五辛。如果你認同這些觀點，而又沒有任何宗教信仰，那麼西方的 Vegan 對你來說就很適合。

原文節錄：

" Veganism is a philosophy and way of living which seeks to exclude—as far as is possible and practicable—all forms of exploitation of, and cruelty to, animals for food, clothing or any other purpose; and by extension, promotes the development and use of animal-free alternatives for the benefit of animals, humans and the environment. In dietary terms it denotes the practice of dispensing with all products derived wholly or partly from animals. "

(資料來源：The Vegan Society)

要注意的是，主張純素主義的人，一般都不食用雞蛋和奶製品。可是市面上的素肉產品，種類五花八門。大家可還記得，消委會曾測試了多款包裝素肉[35]，當中發現部分包裝標示與測試結果不符，包括檢出動物基因、標示奶素卻檢出蛋成分等問題，且高鈉高脂，毫不清淡。

香港現時並未有對素食產品進行定義，要避免吃了不想吃的東西，惟有依據各素食組織的商標認證，作為參考指標；但如果你是佛系純素者，即是不吃五辛的話，就要留意西方一般定義的純素 Vegan 是可以包含五辛成分的。如果想了解更多，可以查看下列圖表中「國際素食聯盟」對素食的定義，或根據台灣《包裝食品宣稱為素食之標示》的定義作為參照。本書亦有對素食分類進行整理，請翻至第2-2頁查閱。

國際素食聯盟 International Vegetarian Union 對素食的定義	
純素或全素（Vegan）	不吃動物肉（肉、家禽、魚、海鮮、雞蛋和奶製品），還通常不吃蜂蜜
素食者（Vegetarian）	不吃肉類、家禽、魚及它們的副產品，可以吃或不吃奶製品和雞蛋
蛋奶素（Ovo-Lacto Vegetarian）	除了吃蛋和奶製品之外，其它與 Vegan 一樣
奶素（Lacto Vegetarian）	除了吃奶製品之外，其它與 Vegan 一樣

資料來源：International Vegetarian Union

台灣現行法規將素食分為5種類別，其界定十分清晰明確，包括：全素 / 純素、蛋素、奶素、奶蛋素和植物五辛素，例如任何包裝產品如含有五辛類植物成分，必須標示「植物五辛素」等字樣，不能與「全素或純素」混淆。惟台灣並未要求素食的生產線獨立，以確保產品不受交叉污染，這一點純素者要多加留意。

台灣《包裝食品宣稱為素食之標示》對素食的定義			
	純素或全素	蛋素、奶素、蛋奶素	植物五辛素
定義	指食用不含奶蛋、也不含五辛（蔥、蒜、韭、薤菜及興蕖）的純植物性食品	指所有植物性來源食物，可包含奶、蛋或奶蛋，且不含植物五辛。產品須依規定標示屬於哪一種素食類別，其定義如下： (1)蛋素： 全素或純素及蛋製品 (2)奶素： 全素或純素及奶製品 (3)奶蛋素： 全素或純素及奶蛋製品	指所有植物性來源食物，可包含植物五辛，如有添加奶蛋者須於「內容物名稱」中明列。植物五辛之定義如下： (1)蔥：含青蔥、紅蔥、革蔥、慈蔥、蘭蔥 (2)蒜：含大蒜、蒜苗 (3)韭：含韭菜、韭黃、韭菜花 (4)蕎：即為蕗蕎或薤菜 (5)興蕖：即為洋蔥
包裝標示	全素或純素、全素可食、全素食品	蛋素、奶素或奶蛋素；標示後面可加上「食品」、「可食」等字樣	植物五辛素、植物五辛素可食、植物五辛素食品
共同準則	· 凡在食物製造過程中有動物被犧牲，或添加了動物性來源成分的食品，皆屬於葷食 · 不含超過0.5%以上的酒精成分 · 不得單獨以「素食可食」之字樣 · 產品不含任何動物性成分製品或添加物，例如明膠、凝乳酵素、胭脂紅、從魚油萃取而來的EPA、DHA等等		

資料來源：Taiwan Food and Drug Administration

台灣《包裝食品宣稱為素食之標示規定》

參考資料：
消費者委員會　　　　　　　　　https://www.consumer.org.hk/tc/search?q=素食
Taiwan Food and Drug Administration　　https://www.fda.gov.tw/TC/index.aspx
International Vegetarian Union　　https://www.ivu.org

認住這些註冊商標

英國素食學會
The Vegetarian Society UK

© The Vegetarian Society

　來自英國的The Vegetarian Society UK於1847年成立，因歷史悠久，有一定的口碑公信力。目前提供兩種認證，兩種認證都禁止動物實驗，Vegetarian只允許使用放牧飼養的雞蛋，禁止使用來自宰殺動物的食材。

純素食商標 Approved Vegan Trademark	✓ 產品中不含動物源性成分 ✓ 避免在生產過程中受交叉污染 ✓ 沒有基因改造 ✓ 沒有進行或委託進行動物測試
素食商標 Approved Vegetarian Trademark	✓ 不含任何因屠宰成分 ✓ 只使用散養雞蛋 ✓ 避免在生產過程中受交叉污染 ✓ 沒有基因改造 ✓ 沒有進行或委託進行動物測試

英國純素協會
The Vegan Society

© The Vegan Society

　　1944年在英國成立的慈善機構，由1990年開始發行「純素認證商標」（Vegan Trademark），至今逾三十年，商標已於歐洲、美國、加拿大、澳洲及印度註冊登記，貨品種類包括食品、化妝品、個人護理產品、家居清潔用品等，為全球擁有最多產品認證的素食協會，可算是純素產品界的一哥。要獲得這朵V字長出太陽花商標的產品，須符合其組織所定下的的標準，以確保沒有任何動物因為該產品而受到剝削。

✓ 不含任何動物成分
✓ 沒有基因改造
✓ 沒有進行或委託進行動物測試
✓ 須具獨立生產線，
　避免在生產過程中受交叉污染

澳洲純素認證
Vegan Australia Certified

© Vegan Australia Certified

　　澳洲純素協會（Vegan Australia）成立於2014年，為一非營利組織，提倡純素主義以及純素生活對人類健康、自然環境的好處。認證標章的範圍包括衣食住行、寵物食品、園藝品等。

✓ 不含任何動物成分
✓ 在製造過程中不得使用動物產品
✓ 任何動物來源的成分都必須有可追溯的供應鏈
✓ 沒有進行或委託進行動物測試
✓ 須採取合理步驟以減低交叉污染

美國純素認證
Certified Vegan

© Vegan Action

　　1995年於美國成立的非牟利組織，認證單位名為Vegan Action，其認證要求產品原材料和成品不能有動物成分，也不允許進行動物測試。

✓ 不含任何動物成分
✓ 必須提供沒有使用動物成分的生產證明
✓ 沒有基因改造
✓ 沒有進行或委託進行動物測試

歐洲素食聯盟
European Vegetarian Union

© European Vegetarian Union

　　簡稱V-Label的歐盟地區素食認證，其標誌於70年代由意大利素食協會設計。其認證遍布29個歐洲國家註冊，包括法國、瑞士、西班牙、丹麥等國的素食團體。

✓ 不含任何動物成分
✓ 任何動物來源的成分都必須有可追溯的供應鏈
✓ 沒有基因改造
✓ 沒有進行或委託進行動物測試

參考資料：

The Vegan Society	https://www.vegansociety.com
The Vegetarian Society UK	https://vegsoc.org
Vegan Australia Certified	https://www.veganaustralia.org.au/get_certified
Vegan Action	https://vegan.org
European Vegetarian Union	https://www.euroveg.eu

學識睇E字頭食品標籤

　　食品添加劑在日常生活已經成為不可或缺的產品，一般在成分標籤上以英文字母「E」作開頭，這是一套國際編碼系統，由國際食品法典委員會（Codex Alimentarius Commission）所編制，多達數百種。具有E編號的添加物代表已經由歐盟核准，能夠使用在食物中。「E」後面通常跟著3個數字，首數字為添加物的類別，例如1是色素，2是防腐劑，3是抗氧化劑和酸度調節劑，4是增稠劑、穩定劑和乳化劑……等等。

　　基本上食品添加劑要通過國際食物安全機構的安全測試，才可獲准添加在食物當中。但始終是添加物的風險，即使適量進食對健康無害，建議還是可免則免，而且部分食品添加劑還可能含有動物成分和致癌物質，購買時應細閱標籤成分，盡量選擇較少添加劑的產品為妙。

常見食物添加劑

添加劑	編號	化學名稱
色素 Colour	E120	胭脂蟲紅；胭脂紅酸 Carmines；Cochineal；Carminic acid
	E124	麗春紅4R Ponceau 4R；Cochineal Red A
	E129	誘惑紅AC
防腐劑 Preservative	E210-E213	苯甲酸 Benzoic Acid
	E220-E221	二氧化硫；亞硫酸鹽 Sulphur；Sodium Sulphite
	E249-E250	亞硝酸鉀；亞硝酸鈉 Potassium Nitrite；Sodium Nitrite
	E251-E252	硝酸鈉；硝酸鉀 Sodium Nitrate；Potassium Nitrate
	E282	丙酸鈣 Calcium Propionate

一般用途
取自胭脂蟲的紅色染料色素，常用於糖果、酒精飲料、果醬
常用於乳製品、甜點、糖果、飲料中，在美國作為致癌物被禁用
常用於棉花糖、穀類食品、飲料、零食；在挪威甚至被禁用
常用於醬汁、氣泡飲品、果汁類
減慢蔬菜和水果因氧化造成的變色
抑制細菌生長、護色劑
同上
抑制細菌生長

添加劑	編號	化學名稱
抗氧化劑 Antioxidant	E310-E312	沒食子酸丙酯；沒食子酸辛酯； 沒食子酸十二酯 Propyl Gallate；Octyl Gallate； Dodecyl Gallate
	E320	丁基羥基茴香醚 BHA
	E321	二丁基羥基甲苯 BHT
乳化劑 Emulsifier, Stabilizer	E471	脂肪酸甘油酯 Mono- and Di- Glycerides of Fatty Acids
乳化劑、抗結劑、 水分保持劑、穩定劑 Emulsifier, Anticaking agent, Humectant, Stabilizer	E542	骨質磷酸鹽 Bone Phosphate (Essentially Calcium Phosphate, Tribasic)
上光劑 Glazing Agent	E904	蟲膠 Shellac

一般用途
用於油脂類食物 
石油的衍生物；防止食物變壞
常與E320結合使用
麵包乳化劑，令麵包變得鬆軟，並延長保鮮期
取自動物骨骼，例如豬和牛，防止食品結塊，常用於沖咖啡的奶粉或零食中
紫膠蟲吸取樹液後分泌出的紫膠樹脂，常用於糖果、糕點，防止食品吸濕後變質

資料來源：食物安全中心

由於市面的食物添加劑種類眾多，未能盡錄，筆者整理了一些常見的E編號類別供大家參考。如欲了解更多食物添加劑的資料，可掃描下列二維碼，登入食物安全中心的食物添加劑消費者指南，按編碼次序排列查閱「食物添加劑一覽表」[36]。

營養學專家、素食達人拆解！
素食新手的7大迷思

　　素食者包括筆者在內，最常被問到的一個問題就是：「食素怕不怕唔夠營養？」其實想一想中藥百子櫃裡九成都是植物藥材，就會明白大自然是個大藥房，人類所需，應有盡有。身體健康的一大關鍵是要保持多元化的飲食習慣，營養均衡才能活得健康。以下請來兩位茹素多年的素食達人──脊醫王俊華以及瑜伽導師Fion，解答有關素食上的迷思，提供素食新手的正確飲食建議。

脊醫王俊華
Dr. Antonio C. W. Wong, D.C.
香港註冊脊醫
美國註冊臨床營養學家
紐約脊骨神經研究院脊骨神經醫學榮譽畢業博士
臨床營養學榮譽畢業碩士
香港大學食物及營養學榮譽畢業學士
香港脊醫學會公共關係委員會主席

專家 PROFILE

林曉芬 Fion
資深瑜伽導師
瑜伽療癒及空中瑜伽導師
於脊醫王俊華博士痛症診所教導痛症患者復康瑜伽

2-34

#素食＝唔健康？

肉食＝健康？

　　茹素的好處有很多，視乎你能否掌握飲食之道。瑜伽導師Fion認為，素食是否健康，要根據個人飲食習慣而定，不能一概而論：「例如要飲食均衡，少糖、少鹽、少油等基本原則要達到，才能稱得上健康。」她稱，植物不含膽固醇，對腸胃好又易吸收和消化，減少對消化系統的負擔；而且大多數植物都是高抗氧化性、高纖低卡，能提升人體抵抗力，減少高血壓和肥胖等問題。

　　身兼營養學專家的脊醫王俊華表示，由於素食者主要吃植物性食物，而植物本身富含膳食纖維，有助益生菌的生長，促進腸道健康。尤其是吃全素的人（即純素者Vegan），他們不吃任何雞蛋及乳製品，其腸道益生菌數目明顯較高，與葷食人士的差距最大，患腸癌的機會也相對低。

　　王俊華進一步解釋，肉食者因其腸道產生壞菌的機會較多，壞菌會衍生有毒物質，損害腸道健康。而現今社會生產出來的肉類都經過加工，尤其是醃製過及處理過的肉類，例如香腸類肉製品，被世界衛生組織列為第一級的可致癌物質。素食者吸收的蛋白質通常源自於豆類、穀物類，素食產品所含的可致癌物質相對較少。

#吃蔬菜可以凍齡抗衰老？

　　香港衛生署建議的每日蔬果進食量「2＋3」，是兩個拳頭大小的水果＋三碗蔬菜，此準則可令血液的酸鹼度變成偏鹼。王俊華表示，維持弱鹼性體質的好處，是有助於遠離疾病。「一個氧化的過程、一個發病的過程、一個發炎的過程都會令身體偏酸，酸性愈多愈會使身體老化和氧化。」

　　在日常的食物中，其實有許多蔬菜、水果就含有抗氧化物，能減緩細胞衰老，讓我們保持年輕和健康。王俊華指出，維他命C、β-胡蘿蔔素等抗氧化成分，主要來源於深綠色、黃色及橙色的蔬果，其作用是增加身體免疫力。這些營養成分在肉類上都比較缺乏，因此素食能養生抗衰老的秘密傳說，是有跡可尋的。

#吃素真的可以減肥嗎？

　　不少素食新手在初期未能掌握均衡飲食，衍生出變瘦或變肥的現象。這方面王俊華認為，素食者體重減輕是因為動物性脂肪吸收減少，大部分植物來源的蛋白質，例如豆類含脂肪量相對肉類少，所以素食有助減重是事實。他稱：「肥瘦是一個總熱量的吸收，不同食物有不同的熱量；例如脂肪每一克就有9卡路里，而碳水化合物、蛋白質等每一克有4卡路里的熱量。若以相同食物大小或相同飽肚感去比較，由於植物的脂肪含量一般較少、熱量比肉類相對低。」

　　但要注意一點，不少人因為食素後飽肚感低而胡亂飲食，出現反效果。王俊華表示：「如果你每日食少500卡路里的食物，一星期下來已減少了3,500卡路里，而3,500卡路里就剛好等於1磅的體重。」他再舉例，一碗肉相等於500卡路里，而當你飲食習慣改變，你以相等於50卡路里的高纖維食物取代，每日如是的話，你就真的有機會瘦下來。

每周減一磅之熱量計算

每日減500卡路里

⬇ （即500 X 7）

一周共減3,500卡路里

⬇

3,500卡路里＝1磅的體重

3大營養成分熱量比較

營養成分	相等於	相對熱量
1克脂肪	9卡路里	高
1克碳水化合物	4卡路里	低
1克蛋白質	4卡路里	低

#如何克服嗜肉的心魔？

　　不吃肉，一般對身體沒多少影響，吃素本身就足夠健康。但不少人認為，自己始終會敵不過想吃肉的心魔，就好像每朝喝咖啡的人，一天不喝就覺得不夠精神。

　　王俊華指出，有些人習慣了肉類的油膩感，當他轉食相對清淡的蔬食時，油分減少了、鹽分又減少了，在味覺上會感到很大轉變，有機會難適應。但這涉及到心理因素，並非生理轉變帶來的影響。如果身邊有素食同好陪伴及指導的話，會較容易過渡。他建議給自己多一點時間去適應，逐步減量，避免反效果的情況出現。

　　提及心理因素，Fion 説：「素食新手沒有經驗，如果身邊又沒有素食朋友，容易有精神壓力，令他們想放棄。」她建議，新手可上網透過社交平台加入素食社團，了解多一些素食同好的經驗，學習如何吃得健康、如何找到簡單又容易處理的食材。這些貼士有助調節飲食習慣上的轉變，減少一些害怕自己吃得不好的精神壓力。

　　她還表示，可以先為自己定立一個茹素計劃，分階段進行，譬如一開始先戒食雞鴨牛羊豬等肉類，幾個月後再戒食海鮮，下一個階段就是戒蛋奶；每一階段至少給予自己兩至三個月去適應。不要一刀切式改變，讓身體慢慢地調適，就能減少心理壓力。

吃植物肉健康嗎?

　　每個人的適應期有長有短,棄肉茹素的過程,往往是心癮比身癮要大。如果在適應期心癮難消,筆者認為可進食少量素肉作為替代品。仿製肉的外觀和味道都與一般真肉近似,口感幾可亂真。不過,這些近年大流行的植物肉、新豬肉、未來肉等產品又是否健康?

　　「植物肉始終是加工食品,不能算是健康,但仍比一般肉類相對健康。」王俊華認為,吃素肉能避免把動物身上的荷爾蒙一起吃進肚子,且減少吸收有害的添加物。因為不少來源於動物的肉製品在醃製過程中,都會大量使用食物添加劑,以保持肉色鮮紅或作為殺除微生物、寄生蟲等用途。

　　Fion亦表示:「素肉可以代替傳統的肉類,其飽和脂肪含量低過肉類,而且來源於植物的蛋白質容易被消化,膽固醇也相對低。不少素肉產品更會添加鈣質和鐵質,相對有益健康過吃肉。」但她強調,不能完全倚賴植物肉來吸收營養,必須配合天然蔬果及其他穀物以達至營養均衡。

　　植物肉的風潮席捲全球,市售的素肉產品琳琅滿目。作為素食者,在購買這類產品時要注意些甚麼?Fion指出:「首先要留意食物標籤上是否有很多E字頭的數字,例如防腐劑E-282、抗氧化劑E-320、乳化劑E-471、人造色素E-124等都是非天然的,盡量避開購買這類產品。」

　　王俊華指出,素肉產品本身是加工食品,一定含有添加劑,只是分量多寡而已。「留意部分產品鈉含量較多,高血壓人士及曾中風患者要小心食用。另外,素食產品跟肉類比較,其脂肪含量雖然相對少,亦要注意熱量吸收,切記要適可而止。」

#不停食麵包！食極唔飽點算好？

素食新手另一個常見的現象，就是過分依賴碳水化合物來保持飽肚感，例如粉麵飯等澱粉質類食物，反而造成發胖現象。Fion認為素食比肉食消化速度快，若你太習慣以往的飽肚感，現在茹素，真的會讓人感到易肚餓。她提出一個好方法：「可以在正餐與正餐之間，進食一些健康零食，例如生果、果乾、堅果或能量棒等小食，減少對澱粉質的倚賴性，避免靠進食粉麵飯來維持飽腹感。」

要徹底控制食慾，王俊華建議當你發現自己食過量時，第一件要做的事，就是調慢進食速度、增加咀嚼次數。第二要注意飲食次序，先以低熱量的水果作為前菜，隔一陣才開始食蔬菜，繼而進食飯類及含蛋白質的食物。他解釋：「人的食慾是由大腦中樞所控制，並經由腦垂體刺激而認知飽足感，而這種認知感是有時限性的。一般在開始用餐的15分鐘之後，腦垂體才開始知道你第一啖食物的存在。」換言之，只要讓大腦有吃飽的感覺，每一口多咀嚼幾下，就能讓大腦產生飽足感，從而避免過量進食。

一圖看懂正確的飲食次序

首先吃

水果

補充膳食纖維，
產生飽足感

第二吃

蔬菜

先攝取蔬菜墊胃，
延緩血糖上升

第三吃

含蛋白質食物

消化過程緩慢，
可延長在胃中
停留時間

最後吃

粉麵飯類

此時已具飽肚感，
進食量隨之減少

#聽人講食素會貧血？

素食的食材五花百門，夠不夠營養要視乎你怎麼吃。王俊華認為，大部分的礦物質及維他命，都是來源於天然蔬果類食物。蔬果的營養成分，如纖維、抗氧化物等是無法從肉類中獲取的。「素食者比較難攝取到的營養，主要是維他命D、鐵質和來源於動物類食品的維他命B12等三種元素。但難攝取，不代表完全攝取不到。」詳述如下：

鐵質

鐵質是製造血紅素的基本原料，也是維持人體能量供應的重要角色。食物中可獲得的鐵質主要分成「血紅素鐵」與「非血紅素鐵」兩種，前者從肉類中攝取，後者則從植物中獲得。

植物性食物中的鐵質屬非血紅素鐵，吸收率比肉類的低，而且植物中的草酸、植酸和單寧酸等會與鐵結合形成不溶的鹽類，阻礙體內吸收。因此，素食者需要比葷食者補充更多的鐵質，亦應避免於餐後立即飲用咖啡或茶等含有單寧的飲品。

植物性食物的鐵質主要存在於深綠色蔬菜、豆類及棗類，例如紫菜、紅莧菜、鷹嘴豆等均含豐富鐵質。王俊華建議可沖泡紅棗水來飲用，若連棗肉一齊食，補血功效更好：「如果怕熱氣的話可選擇南棗，性質較平和，或改為蒸煮降低其熱性。但要注意，補充鐵質必須配合維他命C，可與一般黃色及綠色帶酸性的食物一同進食，例如飲一杯檸檬水，就已經可以有助鐵吸收。」

維他命 D

　　其實人類身體也能自行製造維他命 D，但準則是每日要有60%以上皮膚，曬超過20分鐘的太陽才能達標，王俊華直言：「香港人較難達到，一來沒足夠陽光，二來沒時間，亦沒地方讓你可以除下衣服曬太陽。」他表示，蛋奶素者可以進食蛋類、奶類和乳酪來補充維他命 D，而純素食人士就可以選擇進食添加了維他命 D 的產品，例如利用紫外線燈照射栽培的菇類和飲用米奶、豆漿、杏仁奶等健康飲品來補充。

維他命 B12

　　維他命 B12 主要存在於肉類食品中，人體不會合成，只能從食物中攝取。蛋奶素人士可以從雞蛋及乳製品中攝取，而純素食人士就要靠進食補充劑，或一些標籤上註明添加 B12 的素食產品去吸收。

　　那麼對一般成年人來講，缺少了維他命 B12 會有甚麼問題？王俊華稱：「維他命 B12 是製造紅血球的重要元素，如果缺乏 B12 或因腸道出現吸收阻礙，會出現巨球性貧血。其症狀包括容易疲倦無力、氣喘、頭暈、精神難集中。」他補充，紅血球的正常形態是「碟形」，負責將氧氣輸送到全身。若是紅血球數量下降，會令紅血球細胞膜變形，形成球體狀，故稱為巨球性貧血。

　　總而言之，我們要明白健康飲食的關鍵，就是要選擇多樣性食物，以確保每天都能滿足身體的營養需求。然後，再因應需要額外補充鐵質、維他命 B12、維他命 D 等元素，以確保身體能正常運作。

2-41

Scan Me !

店鋪位置

Chapter 3
中西日新派素食店

　　素食文化逐漸普及和年輕化，每周一素已成為型人的飲食指標，就算是非素食者偶爾也抱着獵奇的心態來一試，為刻板的生活添上一份新鮮感。數年前約朋友外出吃素確實困難得多，市面上的選擇少得可憐。今時今日，新派素食店大放異彩，不僅餐廳裝潢美觀，就連食物的賣相和味道也相當吸引，不再是平淡無奇的素肉和炆青菜。即使沒有吃素習慣的人，來到素食店也可以開心打卡和盡情享受各款美味素菜。

　　文中所列為各餐廳之平常收費及營業時間，僅供參考，疫情期間各場所可能因應管制措施作出相應變動或臨時關閉至另行通知，敬請以各店之官方公告為準。

主打健康輕食及優質咖啡。

無國界料理

營養師主理 |
Grain of Salt

近年新派素食選擇更多元化，令素食新手更容易踏出第一步。這間位於中環的Café由註冊營養師Tiffany Shek主理，將美食與營養咨詢結合，餐單上每一道菜式都經過精心設計，確保遵循均衡飲食的理念，並附記含奶、含麩質、含堅果、植物性食物、生酮等小標示。地面是提供素食的咖啡店，上一層是飲食診所和營養中心，室內裝潢簡約俐落，加上充滿異國風情的純白圓形拱門，給人一種清爽明亮的舒適感。

Soup-er Veggie Dumplings$88
全日供應的純素餃子。餡料包括豆腐及磨菇。

Green, Eggs and No Ham$108
杏仁片下是以63度烹調的溫泉蛋，加上澳洲西蘭花、波菜、紅蘿蔔鷹嘴豆泥及全麥酸種麵包。

窗邊位置光線充足，有利影相打卡。

A1

INFO

地址：中環歌賦街 47 號
電話：2968-1083
營業時間：8:00am-5:30pm
https://www.grainofsalt.co

交通：上環港鐵站 E2 出口，步行約 6 分鐘

茶室落戶中環靚地段，室內有多扇落地窗，營造出舒適感。

Acai Bowl $78
巴西莓鮮果碗，果食者也可以享用的素食餐單。

素食友善餐廳 veggie-friendly

精品茶舍｜茶研

姬松茸茄子茶漬飯 $138
姬松茸又稱巴西蘑菇，香氣十足，配上茄子及梅子，十分健康醒胃。

　　由本地連鎖咖啡品牌The Academïcs Group集團開設的精品茶舍，隱身在中環鬧市一樓的角落。茶研供應多款素食餐點，如素滷肉飯及素食茶漬飯，更有全日早餐及純素多士等。除了主食，茶研的另一主打是精品手沖茶飲，供應來自不同產地的茶葉，包括台灣夕陽紅、日本宇治薄茶、雲南月光白等；店中招牌「茶拿鐵」以植物奶調配，純素食人士也適合飲用。必試的茶飲還有「植物學家」，將冷泡的潮州鳳凰單叢茶，加入花冰粒及紅棗桂圓露，味道清幽淡雅。靠窗有一整排二人座位，最適合跟朋友聊天約會。

植物學家 $62
將冷泡茶倒入杯內，讓花冰粒慢慢融化。

以冷泡的鳳凰單欉茶作茶底，味道清幽細長，色調豐富別致。

A2

INFO

地址：中環皇后大道中 31 號陸海通大廈 1 樓
電話：3187-7303
營業時間：周一至五 8:00am-6:00pm；
　　　　　　周六及日 10:00am-6:00pm
http://the-academicsgroup.com

交通：中環港鐵站 D2 出口，步行約 1 分鐘

有多張四人檯和戶外半露天茶座。

無國界料理

新派Fushion丨ROOT VEGAN 本原

主打西式蔬食，並以快餐店形式經營，由點餐、斟水至取餐都是自助式。店中除了室內座位，也有戶外半露天茶座。茶水吧旁設有小小的貝果麵包櫃，除了出售貝果也有素食蛋糕。店中最受歡迎的菜式非「魚香茄子貝果」莫屬，這種新穎的食材配搭，打破坊間千篇一律新豬肉漢堡的悶局。

魚香茄子Bagel$108
配搭新穎的口味，厚實煙韌的Bagel加入素肉碎及茄子，鹹香惹味。

食材比較鬆散，享用時宜使用刀叉。

A3

INFO

地址：中環威靈頓街 112-114 號新威大廈 1 樓 102-103 號舖

電話：9850-9558

營業時間：平日 12:00nn-2:30pm、5:00pm-9:30pm；
周末 12:00nn-7:00pm

f Root Vegan 本原純素 🔍

交通：中環港鐵站 D2 出口，步行約 6 分鐘

大片落地窗迎來明亮光線。

Scan Me！

睇片！現場實景

無國界料理

法式純素美學 ｜

Ma...and
The Seeds of Life

這個下午茶是純素的生機飲食料理，賣相非常精緻。餐廳由法籍廚師主理，將無添加食材變成素食料理。餐廳的法籍主廚 Tina Barrat 本身從事珠寶設計，由她操刀的美食洋溢著一份貴氣，配合古典的層架，點綴食用花作擺盤，兼具色香味及營養的美食。

芝士是高級法式餐廳不可或缺的食材，餐廳主理人鑽研了十多款素芝士，例如用杏仁、腰果、鷹嘴豆等材料經發酵製作，在不同餐點中出現。餐廳標榜所有食品均屬無麩質（Gluten）和無蛋奶，純素食者可安心進餐。

店方貼心地提供口罩及濕紙巾在桌上，給客人使用。

餐牌小圖示：附以小圖示註明食物的屬性，例如招牌美食（Signature）、生酮（Keto）、含堅果（Nut）、含大豆（Soybean）、無糖（Sugar-free）、無蛋奶及無五辛（Buddhist-friendly）等，方便不同取向和飲食習慣的人，並以裸食 Raw Food(R)、Cooked(C) 代號標示烹調手法。

生機飲食：以蔬果、豆類及穀物為主要食材，無肉類、海鮮、蛋奶等食物，並避免使用加工產品或含化學添加劑的材料；主張以慢煮及低溫方法烹調，以減少營養流失。

A3

INFO

地址：中環威靈頓街 112-114 號新威大廈 1 樓 102-103 號舖
電話：3165-1717 / 6469-4533
營業時間：平日 12:00nn-2:30pm、5:00pm-9:30pm；
　　　　　　周末 12:00nn-7:00pm
https://marestaurant.com.hk

交通：中環港鐵站 D2 出口，步行約 6 分鐘

☆ Foodie Focus

Afernoon Tea $188/位

　　上層為鹹點，分別有素鵝肝、魚子醬、香草素芝士，下層則有4款甜點。套餐還包一杯咖啡或香草茶，咖啡用的是米奶，低糖零膽固醇。

下層鋪上猶如鵝卵石的扁豆，給人一種小庭園的視覺感。

魚子醬是用奇亞籽代替，加入海藻調味，帶有一股鮮味。

餐廳法籍主廚本身從事珠寶設計，結合素食與美學，完整地展現食材天然的艷麗顏色。

所有食物均以食用花或綠葉點綴，顏色配搭繽紛。

前菜素鵝肝連生酮麵包，兩大片鵝肝可以用刀叉慢慢享用。

主菜是檸檬意大利飯，意大利米混合糙米、紫椰菜及檸檬皮，口感好豐富。

Lunch Set 3-course $288/位

　　午市套餐有2至4道菜選擇，店方的招牌菜素鵝肝，是以羊肚菌、牛肝菌、無花果、風乾番茄、煙熏紅椒等炮製，利用食材獨特的鮮香和質感，帶出油潤甘香的口感，非常值得一試。

3-5

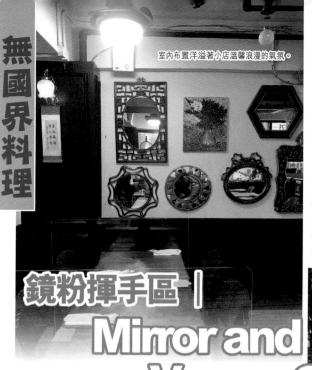

室內布置洋溢著小店溫馨浪漫的氣氛。

無國界料理

中環的樓上食店，餐廳面積不大，牆上掛有不同形態的鏡子，燈飾柔和，很有古典歐陸風格。樓面雖然只得一位職員招待，但服務沒有因此而怠慢，一個眼神便會過來打點一切，不需要任何遞手示意，態度不算殷勤，但在適當的時候就會現身，不禁令我想起舊時在歐洲的感覺，這家店就是有這種傳統的味道。

鏡粉揮手區

Mirror and Vegan Concept

面向街景的玻璃窗，擺滿燈飾和鳥籠。

NATURE

牆身掛滿鏡子，每面鏡子都有其尊稱。

牆上盡是不同形狀的鏡子。

A5

INFO

地址：中環皇后大道中 118 號 9 樓

電話：2868-0810、9688-2521（WhatsApp）

營業時間：11:30am-3:00pm、6:00pm-9:30pm

f Mirror and Vegan Concept・素食西餐 🔍

◎ @mirrorveganconcept

交通：中環港鐵站 D2 出口，步行約 6 分鐘

情調十足的意式素食餐廳。

☆ Foodie Focus

餐廳主打意大利菜,午市餐牌上有5款主菜選擇,意粉的表現尤其出色,與朋友分享食物時,各人也一致讚好,完全沒有傳統素食的沉悶和單調,整體算滿意。

傳統人手扭製如螺絲粉般的 Trofie Pasta,捲曲度細密,更容易掛汁。

俄羅斯酸奶忌廉蘑菇扭繩粉 $168

Trofie Pasta 是一種卷曲的手工意粉,意粉的軟硬度煮得剛好,帶有咀嚼感,與綿滑的醬汁搭得天衣無縫。

意式番茄醬伴炸南瓜意大利飯 $178

餐廳的另一招牌菜,意大利米炒至半熟後落油炸,避免醬汁浸至過腍,造型很吸引。

餐後歎一杯咖啡,感覺和諧平穩。

*午市套餐包括前菜、餐湯、主菜、咖啡或茶,周一至五1點前結帳有8折優惠。

無國界料理

蔬食營養快餐 | Treehouse

　　餐廳位處中環熱鬧街道的巷子中,環境清潔,地方光猛,主打沙律、素漢堡、素墨西哥卷、素Pizza等Plant-Based植物性飲食;食物材料的配搭十分豐富,沙律選擇達40款之多,有純素和蛋奶素,可以自由配搭。細閱當中的食材,都是高蛋白質及高纖的蔬菜及穀物,其中不乏超級食物,如紅菜頭、藜麥、鷹嘴豆、菇菌等;美味關鍵在於嚴格遵從Whole Food概念,最好的例子就是漢堡包,工序繁多的漢堡扒全經人手製作,把南瓜、香草及穀物等混合搓製出層次感豐富的素扒,不以坊間植物肉取代,味道亦令人滿意。

　　Whole Food:指未經加工的原型食材,如新鮮蔬果、五穀雜糧等,沒有添加物,調味及鹽分也相對少,並盡量接近食物的原貌。

餐具和水都自由取用。

INFO

A6

地址:中環砵甸乍街 45 號
　　　The Steps • H Code 地下 1 號舖
電話:3791-2277
營業時間:周一至五 10:00am-10:00pm;
　　　　　周六及日 11:00am-9:30pm
https://www.treehouse.eco

交通:港鐵香港站 D2 出口,步行約 5 分

西式快餐素食，包括漢堡和沙律類食物。也有果汁、椰青和純素蛋糕。

全自助式快餐，請按圖示分類回收餐具。

圖文並茂的英文餐牌。食材選擇超多。

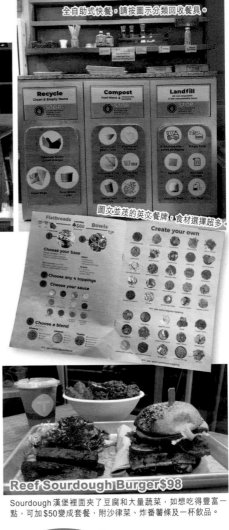

☆ Foodie Focus

　　餐廳標榜使用新鮮天然的Whole Food作食材，部分菜式更是其他素食店不常見的，例如Falafel中東炸鷹嘴豆丸、Polenta Fries意式炸玉米糕等。素漢堡有三款，麵包是純素無麩質的酸種麵包，餡料可揀紅菜頭及磨菇、天貝及豆腐、南瓜穀物餅等，罕有地不使用仿肉代替，全手工炮製；墨西哥卷的餅皮亦是全麥無麩質酸種薄餅，選餐時可以留意餐牌上的小標誌。

Reef Sourdough Burger $98

Sourdough漢堡裡面夾了豆腐和大量蔬菜，如想吃得豐富一點，可加$50變成套餐，附沙律菜、炸番薯條及一杯飲品。

Polenta Fries意式炸玉米糕，彈性像鬆糕，充滿醃橄欖的鮮味。

Falafel炸鷹嘴豆餅是傳統的中東街頭小吃。

Custom Bowl $128

碗內鋪滿大量蔬菜，落料十分豪邁，另自選4款材料及醬汁。

消費偏貴，但座位闊落開揚，坐得又舒服，是跟閨密飯聚的好選擇。

無國界料理

印度Fusion | VEDA

位於中環Ovolo酒店旗下的素食餐廳，是本地酒店難得一見的素食店。從外觀看是一間黑框玻璃屋，內裡裝潢簡約摩登，上層酒吧布滿綠油油的植物，餐廳主打精緻的印度Fusion菜式，提供蛋奶素、五辛素、無麩質及純素選擇。Veda的素菜偏向印度、泥泊爾口味，但味道不會太濃烈，將中西方的元素融合。餐廳的名字Veda源自於梵文Vid，解作「知道」的意思，希望食客能透過美食了解中西美食文化及飲食知識。

簡單的擺設充滿記憶點。

座位之間都有一定距離。

A7

INFO

地址：中環亞畢諾道 2 號
電話：3755-3000
營業時間：8:30am-10:00pm
https://ovolohotels.com/ovolo/central/veda

交通：中環港鐵站 D2 出口，步行約 6 分鐘

全室黑框玻璃窗，通透明亮又型格。

簡約型格的裝潢，原木餐桌配綠色高腳椅。

☆ Foodie Focus

餐廳標榜以新鮮、有機食材炮製，把東南亞傳統菜式演變，烹調成味道豐富的蔬食料理。每逢周末提供香檳早午餐Champagne Brunch($598)，包括2小時任飲啤酒、精選紅白酒、Campari Spritz雞尾酒及Perrier-Jouët香檳等，更有無限供應的印度捲餅(Dosa)以及5道共享小菜。每日3點下午茶時段特設Puppy Hour提供狗狗美食，狗主可帶同寵物來歇腳。

Veda's Salade$145
下層是藜麥紅菜頭，中層為沙律生菜，上層的牛油果鋪滿Dukkah香料堅果粒，口感豐富不單調。

Sev Puri$60
薄脆的炸薯仔球，外脆內軟，咬開有乳酪酸辣汁，十分醒胃的佐酒小食。

新奇的擺設被陳列在餐廳的不同角落。

50年代美式復古風
Veggie4Love

　　搭上商廈電梯來到10樓，電梯門一開是一陣驚喜；餐廳以50年代舊金山作主題，室內每一面牆都像是展覽廳，展示著店主的各種愛好，成堆成疊的古玩與飾品排列在不同角落；店裡的擺設亂中有序，看似隨心所欲又自成一派，彷彿走入了五彩繽紛的市集。收銀櫃前有一座古老電視機，播放著50年代的黑白美劇 I love Lucy，配合美式復古風的裝潢和仿舊座椅，營造出時光倒流的感覺。

美式復古主題的裝潢和仿舊座椅，呈現獨一無二的風味。

小小的空間裡充斥著懷舊復古的氣息。

小物件雖多，甚至有點灰塵，卻絲毫不雜亂。

A8

INFO

地址：中環士丹利街 11 號 10 樓
電話：2177-9477
營業時間：11:30am-2:30pm、6:00pm-9:00pm

f　veggie_4love 🔍

⊙　@veggie_4love

交通：中環港鐵站 D2 出口，步行約 3 分鐘

水吧也很有趣，掛滿別致的陳設。

☆ Foodie Focus

在中環開業超過10年的素食店，主打多款東南亞菜式，招牌菜有印尼加多加多、北京烤片、越式撈米粉等，供應的素肉或炸物都是以杏飽菇、猴頭菇、蒟蒻、大豆等製作；午市有套餐供應，附送餐湯及飲品，不是素食者也會喜歡的。

收銀櫃前有一座古老電視機，正在放映50年代的美國肥皂劇。

Trip to Bali$148

串燒大豆炸物配椰汁飯，配菜有惹味的炸豆腐、印尼加多加多沙律，還有脆卜卜的素蝦片、半條香蕉、番茄片及青瓜片等，材料好豐富。

Soi Nam Chick'n Rice$148

幾可亂真的素海南雞伴黃薑油飯，配搭自家製薑蓉及辣醬，色香味俱全。

周圍都是以不同盆栽及植物擺設帶來的舒適感。

無國界料理

綠色空間 | **OVO Café**

餐廳大樓前身為舊灣仔街市，屬三級歷史建築，經活化後變成現在的OVO旗艦店。OVO Café店面與OVO Garden園藝店相連，對面還有OVO Studio家具店。甫進入店內，立即感受到被一室花卉植物所包圍，融入自然元素的裝飾，像極一個秘密花園，陳列架上更擺滿小盆栽，呼吸都零舍順暢，感覺清新。

整間咖啡店有大窗戶引入充足的光線。

餐廳內有多種花藝裝飾，猶如置身一片綠洲中。

1937年落成的舊灣仔街市是香港三級歷史建築。

A9

INFO

地址：灣仔灣仔道 1 號地下
　　　（灣仔舊街市內）

電話：2527-6011

營業時間：11:30am-10:00pm

https://www.ovocafe.com.hk

交通：灣仔港鐵站 A3 出口，步行約 6 分鐘

咖啡店與OVO Garden園藝店相連。

☆ Foodie Focus

餐廳主打蛋奶素多國菜,包括意粉、漢堡包、Pizza、All Day Breakfast等菜式,不時還有日式便當及台式客飯。

陳列架上擺滿小盆栽。

餐廳提供蛋奶素多國菜,每周來吃都有不同選擇。

午市套餐包括是日餐湯。

素食午餐每周替換菜式,新鮮感十足。

室外有開揚的露天座位。

2084 Protein Granola Bowl$84

焦糖燕麥穀片配季節生果，以混合了雜穀的椰奶代替乳酪，適合純素食者的回味。

無國界料理

素食多國菜 | 2084 Twenty Eighty-Four

點菜後侍應立即遞上一瓶清水解渴。

室內以灰色為主元素，裝潢簡潔而富現代感。

每逢周末小編都喜歡到西貢閒逛吃個早午餐，灣景街上有數間自成一角的食肆，每一間都設有室外座位，2084是唯一一間素食餐廳，甚有異國情調。天氣晴朗的日子，我是絲毫不眷戀室內冷氣，坐在戶外享受陽光、呼吸新鮮空氣。餐廳主打中西合璧的Fuslon菜式，北京填鴨Peking Tacos、尼泊爾餃子Momos、咖喱芝士薯球Malai Kofte等都是店中名物，入口啖啖都是植物卻層次豐富，是絕不單調的素食。

Peking Tacos$75

餅皮上的是酥炸蠔菇，先滷後炸，夾著青瓜、青蔥和海鮮醬同食，完全是洋食版的北京填鴨。

A10

INFO

地址：西貢沙咀街5號

電話：6420-8456

營業時間：平日12:00nn-10:00pm、
周末及公眾假期11:00am-10:00pm

f 2084saikung

@ @CASA2084

交通：鑽石山港鐵站92號巴士至西貢巴士總站下車，
步行約5分鐘

店內最盡頭設有榻榻米座位，自成一角的小天地。

日系洋食 ｜ 一禪NIZEN

九龍城的素食Café，主要供應輕食、吐司、全日早餐及漢堡等洋食，大部分食物都是西式純素，配合天然健康食材，亦會提供蛋奶素，例如流心蛋牛油果吐司。店中角落設置了一個榻榻米專座，牆身配以磨砂玻璃，隱約可見綠樹裝飾，打造一股禪意。

流心蛋牛油果吐司 $80
賣相好精緻，牛油果多士配流心蛋，麵包是店方自家製的酸種麵包。

日系禪風的素食餐廳。

鷹嘴豆泥伴蔬菜條 $60
蔬菜條與鷹嘴豆泥是很好的配搭，瘦身人士的恩物。

A11

INFO

地址： 九龍城賈炳達道 128 號
九龍城廣場 UG 樓 UG18 號舖

電話： 3613-0133

營業時間： 周一至五 8:00am-7:00pm
（周六及日營業至 8:00pm）

f 一禪 NIZEN

◎ @nizenhk

交通： 宋皇臺港鐵站 B3 出口，步行約 5 分鐘

3-17

挑高大廳的樓梯還有提供隨意慵懶座位區。

無國界料理

家食友善餐廳 Veggie-Friendly

綠色旋轉樓梯｜
Colour Brown x PHVLO HATCH

深水埗一帶近年逐漸發展為文青小區，這家由唐樓改建而成的咖啡店，屬咖啡品牌 Colour Brown 與本地時裝 Phvlo Hatch 的聯乘合作店，餐廳樓高 3 層，地面是 Café，上面兩層是 Phvlo Hatch 的工作室及展覽室。

通過玄關走進用餐區，一室水泥牆身盡顯工業風，極高樓底增加空間感；霸氣十足的樓梯就在店舖中央，螺旋形的曲線，打造難以抗拒的視覺焦點，樓梯旁更有小擺設及綠色植物點綴。慕名而來捧場的人，都被室內的綠色旋轉樓梯所吸引，在此瘋狂打卡。

玄關天花板正中央掛著懷舊吊扇，充滿老香港風味。

玄關這個小長廊也是文青打卡位

A12

INFO

地址： 深水埗黃竹街 13 號地下
電話： 2791-7128
營業時間： 10:00am-7:00pm

f **Colour Brown X PHVLO HATCH** 🔍

交通： 宋皇臺港鐵站 B3 出口，步行約 5 分鐘

3-18

通向樓上的旋轉樓梯，極富視覺美感，宛如一件精緻的藝術品。

☆ Foodie Focus

布滿小裂痕的水泥牆壁，加上小擺設。

餐點以輕食為主，全日早餐及出前一丁麵都有素食選擇，餐牌飲品選擇亦甚多，意式咖啡可以轉豆奶或燕麥奶。店家採取葷素共融的飲食概念，以切合不同飲食習慣的人之需要。

All Day Green $108

酸種麵包配火箭菜、牛油果、番茄仔、Feta Cheese 及炒蛋，也可要求店方轉為純素。

薑黃豆腐多士 $92

酸種麵包配薑黃豆腐、牛油果、番茄仔、櫻桃蘿蔔及豆苗，適合純素食者享用。

無國界料理

佔地3千呎，以清新日系木質裝潢打造成簡約禪風。

日系禪風貓Café
Lumière 一盞燈

素食友善料理 veggie-friendly

一大片日式簡約風的台階休閒區。

　　現時有不少葷食店也會推出素食餐單，可與朋友葷素共融。這間位於李鄭屋商場的Café，走日系禪風文青路線，整體空間開揚，店內燈光偏自然昏暗，一室灰白的水泥牆，深木色桌椅加上懸空的樹枝點綴。店舖劃分了用餐區及休閒區，休閒區設在L形角落，有木質雙層台階，配上素色座墊及茶几，感覺柔和自然。大櫥窗內有幾隻駐店小貓在午睡，貓奴可以隔著玻璃與貓Selfie，環境令人可以完全放鬆放慢，享受下空閒的感覺。

A13

INFO

地址：長沙灣發祥街 10 號
　　　　李鄭屋商場地下 110 號舖

電話：2381-0988

營業時間：10:00am-9:00pm

🅕 Lumière 一盞燈　🔍

🅞 @ lumierehkg

交通：長沙灣港鐵站 C1 出口，步行約 6 分鐘

3-20

中庭的大木櫃，盡是一片禪意和恬靜。

大櫥窗內有幾隻店主的寵物愛貓助陣。

☆ Foodie Focus

無國界料理有意粉、漢堡、沙律等輕食，餐牌上大部分為葷食，但總算有一兩道小菜適合素食。茶飲系列名稱都很特別，例如薄荷茶叫「一念一相逢」。很喜歡這裡的餐具器皿，端上時都會附贈一張卡紙，印著意味深長的句子。

冬蔭功炸飯球 $48

餡料是泰式香辣冬蔭功，把炒飯搓成圓球並炸至香脆，惹味又方便入口。

一畫一曙光 $38

蘋果與接骨木花的融合，茶湯呈淡紅色，喀落有微酸和果香。

電光石火 $68

芒果汁灑滿翠綠的芫荽碎，添加岩鹽及 Tabasco 辣椒仔，鹹甜酸辣交雜，一杯清茶就是一種人生的寫照。

杯墊上隨機派發的小卡片，可以細味當中的禪語。

無事心不空，有事心不亂。
大事心不畏，小事心不慢。
LUMIERE

空中花園旁的半露天座位。

無國界料理

高質下午茶 | 港安醫院

室內座位光猛闊落。

落地玻璃窗外的環境非常愜意。

相信很少人會想到在醫院飯堂內竟然有得歎下午茶！這間餐廳位於大樓6樓，設有室內和露天座位；食堂只供應蛋奶素菜，每日新鮮出爐手作菠蘿包、早餐、包點、小菜、粉麵飯等通通有。人氣推薦的餐點「Adventist Health」下午茶套餐，15款鹹甜點心擺放在兩款顏色各異的托盤上，加上窗外翠綠的草地景色，媲美五星級酒店的用餐享受。

食堂外面有開揚的空中花園。

A14

INFO

地址：荃灣荃景圍 199 號港安醫院主座 6 樓
電話：2275-6690
營業時間：6:30am-7:30pm
https://www.twah.org.hk
＊下午茶套餐需提前兩日致電預訂

交通：荃灣港鐵站 A4 出口沿樓梯往下乘搭 39M 巴士

☆ Foodie Focus

鹹甜拼盤都好有驚喜,用天然健康的食材打造,賣相精美。有多達15款的餡餅和點心,製作超用心,例如低糖肉桂蝴蝶酥、紅蘿蔔脆卷、爆漿波波芒果撻、芝士蛋糕、檸檬夾心泡芙等等,食物經由營養師設計,可以安心享用。全部餐點自家烘焙,擺盤精緻,喜歡拍照的男生、女生都難以抗拒。

Adventist Health 下午茶套餐 $240/位

鹹點拼盤

鹹點共7款,包括素叉燒墨西哥捲餅皮、藜麥牛油果沙律蛋糕卷、素叉燒墨西哥捲餅皮等等。

甜品拼盤

低糖版本的甜品拼盤,全部食物均由食堂自家烘焙。

Sous Vide真空低溫烹調的蛋白多士,中間蛋黃是以南瓜蓉炮製。

食物水準達酒店級,並經過營養師設計。

爆漿波波芒果撻,一口咬下去多重美味,打卡一流。

無國界料理

藍帶私房菜｜Sow Vegan

香脆炸蠔出乎意料地像真，面層裹上紫菜及炸粉，沒半點油膩感。

素壽司非常惹味，紫菜包著煙燻紅蘿蔔和熱情果醬，是我極為欣賞的一道菜。

酸種麵包及腐乳麵包條，配自家製海鹽牛油和素鵝肝醬。

觀塘的純素餐廳寥寥可數，這間私房菜隱身在工廈中，只做晚市，全場只有三張枱和一間 VIP 房，空間闊落。餐廳主打精緻細膩的創新素食，沒有固定餐單，大約一至兩個月更換餐牌，晚飯 8 道菜各具獨特的風味，盡顯煎、煮、炸、烤等手藝，配搭本地農場採購的季節食材，如同品嘗了一場法式 Fine Dining。私房菜的掌廚人曾在倫敦藍帶學藝，將西方烹調技巧運用在素食上，中西合璧，既有創意，亦具特色。

端上的每一道菜式都吸引眼球，巧手工序與精美擺盤的結合。

A15

INFO

地址：觀塘鴻圖道 43 號鴻達工業大廈 11 樓 1102 室
電話：9029-3009
價格：$630/ 位（需預約）
營業時間：7:00pm-10:00pm
http://www.sowvegan.com

交通：觀塘港鐵站 B3 出口，步行約 10 分鐘

誰想到這裡竟是一間中式素食餐廳？

新派中菜 │
李好純 Miss Lee

上環的素食餐廳李好純 Miss Lee，綠色懷舊風的大門，室內選用糖果色系的牆身，配上蛋黃色椅子，型格中又帶點復古味。餐廳主打新派中式素菜，擺盤同賣相非常精緻吸引，打破中式素菜的傳統面貌，亦沒有用上任何植物肉製品，取材新鮮天然的蔬菜，創出新意。午餐套餐由 $208 起，可以自選三至四道菜，包前菜、主菜、粉麵飯和甜品，只在平日午市供應。

前菜是一口大小的紅菜頭撻，酸味的好開胃。

「菇絲粉皮」是素食版的雞絲粉皮，杏鮑菇絲連同芝麻醬入口，賣相和口感都模仿得唯肖唯妙。

B1

INFO

地址：中環威靈頓街 198 號 The Wellington 地舖
電話：2881-1811
營業時間：12:00nn-10:00pm
http://www.misslee.hk

交通：上環港鐵站 E2 出口，步行約 3 分鐘

日本野菜料理｜居素屋

日本料理的精髓是不時不食，這間主打日式蔬食的素菜店，由日籍廚師掌舵，標榜以「和食」手法烹煮食材，棄用現成的植物肉產品，例如以蔬菜、菇類及昆布熬湯，取代高湯味道。以晚市的廚師發辦餐單為例，8道菜 $338/ 位起，食物以新鮮時令蔬果入饌，不同季節會有不同材料，例如前菜有水果級的番茄刺身、茄子刺身等，非常適合長期茹素和對食材講究的人。午市定食豐儉由人，有輕怡版及豐食版兩種，豐食午餐包括前菜、壽司、主食、燒物及甜品等，筆者胃口不大故試了輕怡午餐。

青檸冷湯素麵。麵質軟滑帶有彈性。青檸味突出。小缽內是蕃茄鮮腐皮。清淡鮮甜。

午市定食的輕怡午餐 $98
午市定食的輕怡午餐 $98。有三款前菜及一款主食。菜式味道清淡不油膩。

晚餐菜單都算豐富。由廚師發辦。免傷腦筋。

B2

INFO

地址：灣仔灣仔道 83 號 9 樓

電話：5500-8812

營業時間：12:00nn-3:00pm、6:00pm-11:00pm（逢周日休息）

交通：灣仔港鐵站 A3 出口，步行約 4 分鐘

配菜有青瓜漬物、有機小松菜、是日餐湯及水果等，相當豐富。

午市有機茄子定食，由「食養師」設計的養生素食，提供主食及十穀飯，足料又有咀嚼感。

空間感大和開揚，環境裝修乾淨舒服。

中日亞洲菜

日系養生飲食 | so330

　　新生精神康復會（新生會）旗下的社企餐廳so330，位於灣仔太原街，店名330有「身心靈」的意思，結合咖啡店、身心靈空間及「共融咖啡師學院」等概念於一身，晚間或假日時段會舉辦各種身心靈工作坊。餐廳葷素共融，以本地時令有機食材入饌，更有由「食養師」岸本太太設計的素食餐單，以簡單的家庭料理調和身心。餐廳的營運機構自設農場，出產的新鮮蔬菜於店內有售。店員送餐來時還遞上小紙牌，提醒大家飲食先由較清淡的味道開始，如新鮮水果和蔬菜等，開啟味蕾和食慾後，再因應自己的喜好慢慢咀嚼，靜心細味。

食 養 學（Macrobiotics Living）：糅合東方的養生學、西方的營養學和心理學等概念，以「飲食、烹飪」入手，透過食物滋養身心，觀察身體狀況和變化，以調整和療癒自我。

B3

INFO

地址：香港灣仔太原街 38 號太源閣地下 A-C 舖

電話：2393-0426

營業時間：周一至五 8:00am-6:00pm；
　　　　　周六、日及公眾假期 11:00am-6:00pm

f so330 🔍

📷 @so330

交通：灣仔港鐵站 A3 出口，步行約 3 分鐘

日系風格不僅表現在食物上，店門的布簾也散發日本氣息。

日系純粹｜
Mum Veggie Cafe

色彩豐富的日式野菜定食（$100-$125）。自由選擇3至4款冷熱小菜。

很家常的日式小菜，簡單清新的蔬菜配搭。

新蒲崗區的隱世文青日式料理。

　　店主曾遠赴東京學習精進料理，主打日式家常菜式，定食可從16款日式小菜中選3至4款，例如南瓜薯餅、信田卷、本菇茶碗蒸等冷熱盤，如果四人同行，可以一次過試齊16項小菜。推薦南瓜薯餅，南瓜蓉綿滑香甜，沒有絲毫油膩感，另可配五穀雜炊飯或黃薑飯，五穀雜炊飯加入了鷹咀豆與藜麥，清淡但有種莫名的滿足感。

　　精進料理：源自佛門禪寺中的素菜，講究食材與處理過程的融合，採用季節性食材，不過度烹煮，以蒸、炸、燒、水煮、生吃等烹調五法，發揮食材原有的風味，製作具有五色五味的食品，是一種蘊含禪意的飲食文化。

B4

INFO

地址：新蒲崗仁愛街 34 號地下 B 號舖
電話：5400-7869
營業時間：12:00nn-8:00pm

f　**Mum Veggie Cafe**　🔍

📷　**@ mum_veggie_cafe**

交通：九龍塘港鐵站（沙福道）公共運輸交匯處，轉乘 25B 小巴至 Mikiki 站下車，步行約 4 分鐘

素食創意壽司 | 知味駅素食

　　西九龍中心8樓美食廣場上，隱藏了一間素食壽司專門店，評價相當好，筆者也慕名來一試壽司拼盤，果然沒有令人失望，賣相也精緻。一客 $140元有20件壽司，平均即每件 $7，可從7款口味自選5項，必試有素鰻魚牛油果卷、素三文魚芝士卷、香芒吉列卷、素軟殼蟹卷、加州風味卷等等，但大部分為蛋素或蛋奶素，或可考慮散買就有純素壽司、純素天婦羅或純素粉麵飯等選擇。

素三文魚質感彈牙，由蒟蒻製作而成，幾可亂真。

建議預早兩日Whatsapp預訂，免得現場等候。

B5

INFO

地址： 深水埗欽州街 37 號西九龍中心 8 樓美食廣場 33 號鋪

電話： 9458-5190（Whatsapp）

營業時間： 周一至四 11:00am-7:30pm；
　　　　　　 周五、六及日 11:00am-8:00pm

f 知味駅素食 　　　　　　　🔍

交通： 深水埗港鐵站 C2 出口，步行約 3 分鐘

港式口味 | 迆雪糕專門店

　　深水埗區的雪糕專門店，主打本土特色的雪糕，例如菠蘿鹹檸七、豆腐麻辣、話梅雪糕等。店名「迆」字代表HEA，也是店方的經營理念，希望客人能在此「迆」一下。

B6

INFO

地址： 深水埗界限街 10F 號南楓樓地下 5 號鋪

電話： 5345-5954

營業時間： 周二至四 2:00pm-9:00pm；
　　　　　　 周五至日 1:00pm-10:30pm （周日休息）

f 迆雪糕專門店 HEA ICE CREAM 　🔍

⊙ @hea_ice_cream

交通： 太子港鐵站 D 出口，步行約 5 分鐘

中日亞洲菜

星洲海南雞飯 | 入素

有別於沙田石門店,葵涌店的裝潢很光猛舒服,更有面向窗的單邊位,菜單款式眾多,全部皆屬純素、蛋奶素之選。招牌純素海南雞飯,全手工自家製,交足功課,不像坊間用現成急凍素油雞。雞肉以腐皮壓製捲成,模仿雞肉的層層質感,雞皮以澄麵配上黃薑粉炮製,咬落有一點晶瑩煙韌的口感,賣相出色,像真度極高。

幾可亂真的純素海南雞飯,配黃薑飯、香菇素湯,蘸上自家製的薑蓉及黑醬,混淆味覺。

B7

INFO

地址:葵涌葵昌路 72-76 號活 @KCC8 樓 804 號舖

電話:3160-8396

營業時間:11:30am-8:45pm

f 入素 -life-KCC 🔍

交通:葵興港鐵站 B 出口,步行約 5 分鐘

素食小店 —
V.W Vegan Cafe

日式大叔便當 $88
無五辛的純素定食，整體味道偏清淡。

　　隱身在大埔區屋苑商場上的寧靜小角落，門牌不太顯眼，驟眼看以為是賣乾花的店舖，細看才發現是素食店。店內有大片落地窗，採光度充足，店面不大，只得幾張餐枱、吧檯及梳化椅。餐點選擇以輕食為主，招牌「日式大叔便當」有關東煮、野菜薄餅、枝豆及味噌湯，前菜及主菜每個月會替換一次，保持新鮮感。

餐廳在屋苑商場轉角位，比較隱蔽，很少會經過的位置。

B8

INFO

地址：大埔寶湖道 3 號寶湖花園商場 2 樓 227F-06 號舖
電話：5466-9854
營業時間：周一 11:30am-4:30pm；
　　　　　　周二至日 11:30am-9:00pm

🇫 | V.W Vegan Cafe | 🔍 |

交通：大埔墟港鐵站轉乘 K12 巴士至大埔超級城站下車，
　　　　步行約 5 分鐘（寶湖街市旁電梯上轉左第 3 間店）

中日亞洲菜

精緻素食自助餐 ｜ 無肉食

無肉食在全港有5間分店，個人認為中環分店是眾多分店中坐得最舒服的一間，食客以外國人居多，地方企理乾淨，座位寬敞，燈光明亮。食物是堆得滿滿，不論沙律冷盤、涼伴小食、炸物、點心、家常小菜及足料靚湯通通有，食物選擇不算多，但每款菜式質素也不錯，食材走新鮮健康路線。

環境乾淨企理，座位之間有一段距離，不會感覺擠迫或出現人多搶食物的情況。

自助餐價錢由\$78至\$155不等，視乎入座時段而定，且免收加一。

B9

INFO

地址：中環嘉咸街 23 號 My Central 地下 5 號鋪
電話：2336-2908
營業時間：11:30am-10:00pm
價格：\$78 至 \$155

f　無肉食 ahimsa buffet　🔍
ⓞ　@ahimsabuffet

交通：中環港鐵站 A 出口，步行約 7 分鐘

人氣長龍店 ｜ 每日

這間位於山林道的素食自助餐店，由於不設訂位，每次中午時段來，都總見到門外大排長龍。食客由年輕客群至公公婆婆都有，甚至出家僧人都來幫襯。筆者也是其中一位熟客，幾乎每星期都會去買飯盒，最愛老火胡椒湯，濃香暖胃。食物種類多達70款，超澎湃的自助餐枱，擺滿各類小菜、炸物、沙律、甜品，甚至即磨咖啡都有。價錢不算相宜，但勝在食物種類多又有質素，性價比非常之高。

平日下午茶時段最平\$68，可以一次過食齊幾十款素食。

花生脆粒及花生醬，配搭清甜爽脆的蘋果片。

B10

澎湃的沙律及甜品枱，食材都十分新鮮。

INFO

地址：尖沙咀山林道 10-12 號山林閣地鋪
電話：2570-2266
營業時間：11:45am-10:00pm
價格：\$68 至 \$168

f　Everyday 每日　🔍

交通：港鐵佐敦站 D 出口，步行約 3 分鐘

場內有超過60款素食，日式料理整齊地擺放。

中日式自助餐｜樂園素食

　　新派與傳統菜式，向來都有各自的捧場客，這間素食自助餐，除了有各類傳統冷熱盤、炸物及甜品等素食，還有港人最愛的明爐素叉燒、日式壽司、日式卷物及日式烏冬等，全場任吃菜式超過60款，陣容豐富，周末及假日每人送一客蠔皇素鮑魚，一定食到飽肚離場。

場地座位闊落，坐得舒服。

日式卷物及壽司是店中亮點。

吃自助餐免煩惱，享用美味飽足的一頓。

B11

INFO

地址：銅鑼灣謝斐道 535 號 Tower 535 地庫 B04 號舖

電話：2633-1386

營業時間：11:00am-11:00pm

價格：$78 至 $188

f 樂園素食 Paradise Veggie 🔍

交通：港鐵銅鑼灣站 D1 出口，步行約 2 分鐘

全港素食店列表

西餐、無國界料理 | 港島

Map	店名	地址
1	Yau Veggie Bistro	西環石塘咀南里16號地下C號舖
2	吉祥草	西環德輔道西343號均益大廈2期商場地下22號舖
3	LN Fortunate Coffee	西環西營盤第二街118號懿山地舖
4	Big Dill	西環第三街123-125號地舖
5	404plant	上環蘇杭街109號地舖
6	順逆珈琲酒館	上環荷李活道192號地下A舖
7	Ma...and The Seeds of Life	中環嘉咸街23號H18 Conet1樓11號舖
8	Veggie4Love	中環士丹利街11號10樓
9	角落 Corner Cafe	中環德己立街23號晉逸蘭桂坊精品酒店2樓
10	VEDA	中環亞畢諾道 2號
11	Treehouse	中環砵甸乍街45號The Steps • H Code地下1號舖
12	The Tea Academics	中環皇后大道中31號陸海通大廈1樓
13	Mirror & Vegan Concept	中環皇后大道中118號9樓
14	Root Vegan 本原純素	中環威靈頓街112-114號新威大廈1樓102-103號舖
15	珺 Emerald	中環威靈頓街2-8號威靈頓廣場M88 6樓
16	Pop Vegan	中環蘇豪伊利近街28號1樓
17	Fresca	中環蘇豪荷里活道54A號地舖

Scan Me !

西餐、
無國界料理各區
食肆位置

聯絡方法	食物種類
www.yauveggie.com	多國菜、西餐
FB：吉祥草	意粉、炒飯
FB：LN Fortunate Coffee HK	漢堡、意粉
https://bigdillhk.com	漢堡
https://404plant.hk	貝果漢堡、意粉、沙律
FB：Ω ohms cafe&bar 順逆 珈琲酒館	蛋糕、咖啡、全日早餐
https://marestaurant.com.hk	法國菜
IG：veggie_4love	多國料理
FB：角落 Corner Cafe	意粉、沙律和咖啡
https://ovolohotels.com/ovolo/central/veda	印度、多國料理
www.treehouse.eco	沙律、墨西哥卷、漢堡
http://the-academicsgroup.com	多國料理、素食友善
FB：Mirror & Vegan Concept · 素食西餐	意大利菜
FB：Root Vegan 本原純素	多國菜、輕食快餐
FB：珺 Emerald	中、法 Fushion
FB：POP vegan	多國料理
www.frescahk.com	沙律、果汁

Map	店名	地址
18	Soland	中環機利文新街6號3樓
19	GREEN COMMON 盈置大廈店	中環德輔道中77號盈置大廈 地下及1樓 G01及101號舖
20	Green Common 歷山 大廈店	中環遮打道16-20號歷山大廈地庫1樓B2號舖
21	JAJA	灣仔港灣道2號香港藝術中心6樓
22	小苗子 Sprout Deli	灣仔軒尼詩道181號地舖
23	OVO Café	灣仔灣仔道1號地下 (灣仔舊街市內)
24	素.喜.館	銅鑼灣登龍街52號景隆商業大廈9樓
25	素食微調 Veggie Spinner	大坑銅鑼灣道144號
26	素食主意 Sooo Vegi	北角電氣道254-280號華凱大廈A座6號舖
27	好素純素餐廳	太古康山道2號康蘭居9樓
28	蔬芙 Veggle Souffle	杏花邨盛泰道100號杏花新城地庫 G47號舖

全港素食店列表

西餐、無國界料理 | 九龍

Map	店名	地址
29	齋啡	尖沙咀柯士甸道154-156號花園大廈地下7B號舖
30	Branto	尖沙咀樂道9號1樓
31	Green Common (海港城)	尖沙咀廣東道3-27號海港城海運大廈 地下 OT G61號舖

聯絡方法	食物種類
9473-3412	沙律、墨西哥卷
www.greencommon.com	多國菜、輕食快餐
www.greencommon.com	多國料理、三文治、沙律
www.miradining.com/zh-hant/jaja	多國菜、輕食快餐
https://sproutcafe.business.site/	多國菜、輕食快餐
FB：OVOCafe	多國菜、輕食快餐
FB：素.喜.館 Su Xi Cafe	多國料理
FB：Veggie spinner 素食微調	多國菜、輕食快餐
FB：Sooo Vegi 素食主意	多國菜、輕食快餐
https://vege-prosper.com	午市套餐、晚市私房菜
2682-3360	多國菜、輕食快餐

聯絡方法	食物種類
FB：齋啡 VegoCoffee	多國菜、輕食快餐、寵物友善
https://brantoveg.com/menu	印度素食
www.greencommon.com	多國菜、輕食快餐

Map	店名	地址
32	綠野林 Greenwoods	尖沙咀金巴利道25號長利商業大廈11樓1103室
33	雅 • 悠蔬食	尖沙咀金馬倫道48號中國保險大廈3樓B號舖
34	Kailash Parbat	尖沙咀寶勒巷3號萬事昌廣場3樓302室
35	Moono	尖沙咀梳士巴利道18號 Victoria Dockside K11 MuseaB2樓 B201-C02號舖
36	Sangeetha	尖沙咀麼地道62號永安廣場UG層1-5,31舖
37	Saravana Pure Vegetarian	尖沙咀彌敦道36-44號重慶大廈105室
38	Smrat Pure Veg	尖沙咀彌敦道36-44號重慶大廈B座5樓B5室
39	Woodlands	尖沙咀麼地道62號永安廣場 UG 16-17號舖
40	Green Common (The Forest)	旺角奶路臣街17號 The Forest 1樓110號舖
41	素菲亞 (大富樓)	大角咀大全街6-20號大富樓地下 A2A 號舖
42	黑窗里	深水埗大埔道79-85號民安大廈地舖
43	素年 YEARS	深水埗福華街191-199號福隆大廈1號地舖
44	素年 (汝州街)	深水埗汝州街132號地舖
45	Café Imagine	長沙灣順寧道338號豐盛居商場地下1號舖
46	素年 (黃埔天地百寶坊)	紅磡黃埔天地百寶坊 (第3期) 地下 G27號舖
47	一禪 NIZEN	九龍城賈炳達道128號九龍城廣場 UG 樓 UG18號舖
48	愛家素食 (PORT 33)	新蒲崗爵祿街33號 PORT 33 1樓103A舖
49	Sow Vegan(限晚市)	觀塘鴻圖道43號鴻達工業大廈11樓1102室
50	Sujata Cafe	觀塘成業街11-13號華成工商中心9樓907號舖

聯絡方法	食物種類
www.greenwoodshk.org	生機飲食
FB：悠蔬食 - Leisurely Veggie	多國菜、輕食快餐
www.kailashparbat.com.hk	印度素食
https://moono.hk	純素甜品
http://sangeetha.com.hk	印度素食
https://saravaneghk.com	印度素食
2369-5762	印度素食
www.woodlandshk.com	印度素食
www.greencommon.com	多國菜、輕食快餐
FB：Sofia 素菲亞	多國菜、輕食快餐
FB：黑窗里 black window	多國菜、輕食快餐
FB：years.hk	多國菜、輕食快餐
FB：years.hk	多國菜、輕食快餐
FB：Cafe Imagine	多國菜、純素 Fushion
FB：years.hk	多國菜、輕食快餐
IG：nizenhk	多國菜、輕食快餐
www.lovinghut.com.hk	多國菜、輕食快餐
www.sowvegan.com	私房菜
FB：Sujata Cafe	多國菜、輕食快餐

全港素食店列表

西餐、無國界料理 | 新界

Map	店名	地址
51	Aroma Dessert Cafe	荃灣鱟地坊38-46號祐強樓地下42號舖
52	素年 (三陂坊)	荃灣三陂坊20號地舖
53	Green Common (如心廣場)	荃灣大河道98號如心廣場二期1樓101號舖
54	天・悠蔬食	荃灣楊屋道18號荃新天地2期地下G08-11號舖
55	Loving Nature Fortunate Coffee	葵涌葵榮路30-34號 Edge 1樓107號舖
56	V.W Vegan Cafe	大埔寶湖道3號寶湖花園商場2樓227F-06號舖
57	常嚐素	屯門井財街青棉徑5號金寶大廈地下7D號舖
58	Veggie2GO (外賣店)	元朗又新街31-35號怡豐大廈地下12號舖
59	素苗 O Veg(限晚市)	元朗錦田大江埔53號地下
60	Veg-Mind Cafe	元朗錦田高埔村110號天空之城地下17號舖
61	2084	西貢沙咀街5號地舖
62	南島書蟲	南丫島榕樹灣大街79號
63	農舍 Green Cottage	南丫島榕樹灣大街26號地下
64	Lee Ocarina Cafe	南丫島榕樹灣大街45號

聯絡方法	食物種類
FB：Aroma Dessert Cafe	西式甜品、輕食快餐
FB：years.hk	多國菜、輕食快餐
www.greencommon.com	多國菜、輕食快餐
FB：悠蔬食 - Leisurely Veggie	多國菜、輕食快餐
FB：Loving Nature	多國菜、輕食快餐
FB：V.W Vegan Cafe	多國菜、輕食快餐
FB：Pizzaveg 常嚐素	PIZZA、意粉
FB：一素店 One Vegan Shop	外賣意粉、輕食快餐
2893-3037	私房菜
FB：Veg-Mind Cafe	多國菜、輕食快餐
www.2084.casa	多國菜、輕食快餐
FB：南島書蟲	多國菜、輕食快餐
FB：Green Cottage	多國菜、輕食快餐
FB：Lee Ocarina Cafe	多國菜、輕食快餐

全港素食店列表

中日韓料理、泰國菜 | 港島

Map	店名	地址
1	一念素食	西環薄扶林香港大學百周年校園逸夫教學樓地下
2	寶蓮苑素食	西環西營盤皇后大道西308號地舖
3	寶彩軒	上環德輔道中279號豐和商業大廈2樓
4	松山素食	上環蘇杭街10號啟豐大廈地下4號舖
5	無肉食	中環嘉咸街23號 My Central 地下5號舖
6	Miss Lee李好純	中環威靈頓街198號 The Wellington 地舖
7	福祿壽健康素食	中環鐵行里8號地下
8	樂茶軒(大館)	中環荷李活道10號(舊中區警署)大館總部大樓地下01-G07號舖
9	樂茶軒(香港公園)	金鐘香港公園羅桂祥茶藝館地下
10	東方素	灣仔軒尼詩道239號3樓
11	東方小衹園齋菜	灣仔軒尼詩道241號
12	天然齋 Green Veggie	灣仔謝斐道254-272號杜誌台11-12號地舖
13	新本眞茶餐室	灣仔莊士敦道10號文熙大廈地下 F,G,I 號舖
14	貴德宮私房素宴	灣仔克街6號廣生行大廈B座閣樓3號舖
15	麗姐廚房	灣仔譚臣道105-111號豪富商業大廈二樓A-D室
16	根記健康素食	灣仔寶靈頓道21號鵝頸街市1樓鵝頸熟食中心6號舖
17	居素屋日本野菜料理	灣仔灣仔道83號9樓
18	功德林上海素食 (世貿中心)	銅鑼灣告士打道280號世貿中心10樓

中日韓料理、
泰國菜
各區食肆位置

聯絡方法	食物種類
FB：一念素食 Bijas Vegetarian Restaurant	自助餐(按重付費)、私房菜
2517-1178	港式小菜、粉麵飯
FB：寶彩軒 Veggiessky	粵菜、私房菜
FB：松山素食 Chung Shan Veggie	外賣三餸飯
https://ahimsabuffet.com	中式自助餐
www.misslee.hk	新派中菜
2543-9843	外賣三餸飯
www.lockcha.com	中式點心
www.lockcha.com	中式點心
FB：東方素	港式小菜、粉麵飯
www.tfsky.com.hk	港式小菜、粉麵飯
2338-6179	港式小菜、粉麵飯
FB：新本眞茶餐室	港式茶餐廳
FB：貴德宮 . veggie palace	私房菜
2575-6060	港式小菜、粉麵飯
2575-7595	三餸飯、港式小菜、粉麵飯
5500-8812	日式定食、私房菜
FB：功德林	上海菜、中菜

Map	店名	地址
19	大自然素食	銅鑼灣軒尼詩道502號黃金廣場8樓
20	樂園素食	銅鑼灣謝斐道535號 Tower 535地庫 B04號舖
21	無肉食	北角堡壘街10-16號華曦大廈地下 B 舖
22	上善素餐廳	北角錦屏街7-9號地下
23	素之樂創意蔬食料理	北角渣華道56號胡日皆商業中心1樓108室
24	三德素食館 (僑冠大廈)	北角英皇道395號僑冠大廈1樓
25	素食園坊	北角英皇道406-408號康威大廈地下3號舖
26	金膳健康素食	西灣河筲箕灣道250號御景軒地下 F-G 號舖
27	聯興素食	柴灣康民街111號高威閣東港城商場地下 G156號舖
28	添添素食	香港仔東勝道31號地下 D-E 號舖

全港素食店列表

中日韓料理、泰國菜 九龍

Map	店名	地址
29	緻素坊	尖沙咀廣東道120號海威中心7樓
30	功德林上海素食 (北京道)	尖沙咀北京道1號7樓
31	大自然素食	尖沙咀彌敦道132號美麗華廣場一期2樓212號舖
32	同德素食	尖沙咀寶勒巷10號1樓
33	每日 Everyday	尖沙咀山林道10-12號山林閣地舖

聯絡方法	食物種類
FB：大自然素食 GaiaVeggie Shop	港式小菜、粉麵飯
FB：樂園素食 Paradise Veggie	中、日式自助餐
https://ahimsabuffet.com	中式自助餐
FB：上善素餐廳	港式小菜、粉麵飯
www.vegelink.com	午市中式點心、晚市私房菜
www.threevirtues.com.hk	中式點心
2877-9411	港式小菜、粉麵飯
2569-6333	港式小菜、粉麵飯
2515-3636	港式小菜、粉麵飯
6903-3377	港式小菜、粉麵飯

聯絡方法	食物種類
www.veggiekingdom.hk	港式小菜、中式點心
FB：功德林	上海菜、中菜
FB：大自然素食 GaiaVeggie Shop	港式小菜、日式素壽司
FB：同德素食	港式小菜、日式素壽司
FB：Everyday 每日	中式自助餐

Map	店名	地址
34	土生花 Soil to Soul	尖沙咀梳士巴利道18號 Victoria Dockside K11 Musea7樓704號舖
35	三德素食館 (佐敦薈)	佐敦彌敦道233-239號佐敦薈地下及4樓
36	維亞軒素食	佐敦德興街13號怡興閣地舖
37	六榕仙館	佐敦佐敦道38號
38	蓮花健康素食	佐敦寧波街31號地舖
39	普光齋	佐敦佐敦道13號華豐大廈地下
40	大中華素食	佐敦白加士街131-135號地下
41	一森素食	油麻地窩打老道9-11號地下11B號舖
42	瀛素食	油麻地廟街61號金利閣地下
43	常悅素食	旺角登打士街32-34A號歐美廣場2樓
44	珍心素食	旺角砵蘭街124-128號舖地下
45	無肉食	旺角洗衣街88號2樓
46	百寶齋廚	旺角彌敦道780號地舖
47	香積廚素食館	旺角花園街110號地下
48	大自然素食	太子彌敦道750號始創中心3樓335號舖
49	五季禪食 (健康工房)	太子太子道西202-204號地下
50	佛手柑素食	太子荔枝角道100號金鳳樓地舖
51	素來素往 Simple Me	大角咀博文街28-44號 Shop 6
52	天響素食	深水埗元州街141號地舖
53	善膳坊	深水埗元州街26號地舖
54	敬一素食健康私房菜	深水埗醫局街207號地下 A 舖
55	素食工房	深水埗欽州街37號西九龍中心8樓 美食廣場8F06號舖

聯絡方法	食物種類
www.soiltosoulhk.com	韓國寺廟素食
www.threevirtues.com.hk	港式小菜、中式點心
FB：Via 維亞軒素食	港式小菜、中式點心
2730-8665	港式小菜、粉麵飯
2328-7686	港式小菜、粉麵飯
2384-2833	港式小菜、中式點心
2771-2393	港式小菜、粉麵飯
9308-2289	港式小菜、粉麵飯
2770-6188	日式壽司、中式粉麵飯
2787-3128	港式小菜、中式點心
2781-2987	港式小菜、腸粉、豆腐花
https://ahimsabuffet.com	中式自助餐
2380-2681	港式小菜
2309-1833	兩餸飯、自選六餸湯米綫
FB：大自然素食 GaiaVeggie Shop	港式小菜、日式素壽司
2476-1720	麵食、餃子、藥膳糖水
2388-9633	三餸飯、港式小菜、粉麵飯
FB：素來素往 Simple Me	中式自助餐
2708-1228	港式小菜
9221-7166	港式小菜、中式點心
https://vegan-restaurant-317.business.site	港式小菜、粉麵飯
6354-5263	三餸飯

Map	店名	地址
56	知味駅素食	深水埗欽州街37號西九龍中心8樓美食廣場33號舖
57	梅貴緣	深水埗基隆街188號地下C號舖
58	德妙光幸福素食	深水埗基隆街184號龍祥大廈
59	新聚寶素食	深水埗大埔道79-85號民安大廈地下85號舖
60	佛友源素食	長沙灣元州街340號豐祥大廈地下8-10號舖
61	清心齋	荔枝角荔枝角道833號昇悅居昇悅商場1樓125號舖
62	巧饍坊(素食)	紅磡黃埔天地美食坊(第8期)1樓106-107號舖
63	玄緣素食	紅磡蕪湖街117號地舖
64	圓善素食	土瓜灣馬頭圍道434號地下
65	泰國素食	九龍城城南道28號地下
66	蓮花健康素食	九龍城福佬村道39號地下
67	從心素食	新蒲崗太子道東638號Mikiki 1樓107號舖
68	MUM Veggie Cafe	新蒲崗仁愛街34號地下B號舖
69	素食軒	九龍灣展貿徑1號E-MAX國際展貿中心2樓27號舖
70	日常素食	黃大仙龍翔道136號黃大仙中心 北館2樓N201-N202及N226A號舖
71	健康齋廚	黃大仙飛鳳街34號地舖
72	大自然素食	黃大仙睦鄰街8號現崇山商場1樓102-103號舖
73	龍門樓 - 志蓮素齋	鑽石山鳳德道60號南蓮園池龍門樓
74	松茶樹	鑽石山鳳德道60號南蓮園池
75	唐風小築小食屋	鑽石山鳳德道60號南蓮園池
76	寶光齋素食館	觀塘崇仁街29號地下
77	素食譜THE RECIPE	觀塘成業街7號東廣場寧晉中心地下57號舖

聯絡方法	食物種類
FB：知味駅素食	日式壽司、刺身、卷物、天婦羅、飯麵
www.mgyvegan.com	三餸飯、港式小菜、粉麵飯
2356-9188	外賣齋點心
FB： 新聚寶素食 Treasure Vegetarian Restauran	港式小菜、粉麵飯
2361-3463	三餸飯
—	外賣齋點心
3152-2162	港式小菜、中式點心
7071-9725	三餸飯外賣店
2601-2801	港式小菜、粉麵飯
FB：Thai Vegetarian Food 泰國素食	泰式小菜、粉麵飯
2382-8290	港式小菜、粉麵飯
3618-4826	港式小菜、中式點心
FB：mum_veggie_cafe	日式定食
—	三餸飯
2697-6663	中式自助餐
FB：健康齋廚	港式小菜、粉麵飯
FB：大自然素食 GaiaVeggie Shop	港式小菜、日式素壽司
3658-9388	港式小菜、中式點心
3658-9390	滇菜(雲南)、中式點心
—	港式小食、三文治、中式點心
2344-4577	港式小菜、粉麵飯
5539-4088	車仔麵、碟頭飯

Map	店名	地址
78	家味蔬食	觀塘成業街19-21號成業工業大廈5樓29號舖
79	紫竹林素食	觀塘成業街19-21號成業工業大廈1樓03室
80	愛家，愛便當 Bento(外賣)	觀塘鴻圖道78號1樓2A舖 (12至2時)、地下D室 (3時後)
81	素食農莊 (限午市)	觀塘海濱道190號觀塘碼頭熟食市場1樓16舖

全港素食店列表

中日韓料理、泰國菜 ｜ 新界

Map	店名	地址
82	無肉食	將軍澳唐賢街19號天晉匯 II 期地下20號舖
83	妙法齋	荃灣河背街79號地舖
84	如庫豐生有機食堂	荃灣德士古道62-70號寶業大廈B座501室
85	素悅軒	荃灣兆和街25號海晴軒15號舖
86	素食新一代	荃灣西樓角路荃昌中心昌安商場1樓52&55號
87	香積廚素食 (限午市)	荃灣福來村香車街街市3樓30號舖
88	翠蓮素食	荃灣眾安街81號地舖
89	大自然素食	荃灣大壩街4-30號荃灣廣場4樓433號舖
90	無肉食	荃灣大河道98號如心廣場二期2樓213號舖
91	圓玄素菜館	荃灣三疊潭老圍路圓玄學院
92	家家樂素食	葵涌梨木道112號葵寶大廈地下7號舖

聯絡方法	食物種類
6826-7833	午市三餸套餐、晚市私房菜
FB：紫竹林素食	港式小菜、粉麵飯
FB：愛家，愛便當Bento	外賣日式便當
5542-2872	午市套餐

聯絡方法	食物種類
https://ahimsabuffet.com	中式自助餐
FB：妙法齋 Miu Fat Chai	港式小菜、粉麵飯
9480-0745	港式小菜、粉麵飯
3486-4428	車仔麵
FB：素食新一代	港式小菜、粉麵飯
9316-6701	街市平價自助餐
2351-6888	2小時任點任食自選餐
FB：大自然素食 GaiaVeggie Shop	港式小菜、日式素壽司
https://ahimsabuffet.com	中式自助餐
2490-9882	港式小菜、粉麵飯
2422-2122	三餸飯

Map	店名	地址
93	阿彌陀佛素心園	葵涌和宜合道50號葵涌花園LG樓7-17號舖
94	入素	葵涌葵昌路72-76號活@KCC8樓804號舖
95	小祇園精進料理	葵涌大隴街110號石籬商場二期2樓201號舖
96	入素 green entrance	沙田石門安群街3號京瑞廣場1期2樓237號舖
97	天賜素齋	沙田德厚街3號禾峯廣場2樓220號舖
98	大自然素食	馬鞍山鞍祿街18號MOSTown新港城中心 (4期) 3樓3217-18舖
99	多利民素食	大埔寶鄉街43號地下
100	蓮花健康素食	大埔廣福道80號德康樓地下
101	聯和一起素	粉嶺聯和墟和泰街55A號地舖
102	蓬瀛仙館齋廚 (限午市)	粉嶺百和路66號
103	雲泉素食中心 (限午市)	粉嶺打鼓嶺平峯路雲泉仙館
104	普陀素食	上水新成路131號地舖
105	妙法齋	屯門明藝街8號地下
106	大力齋廚	屯門石排頭道5號偉昌工業中心A座地下
107	福興素食店 (限早、午市)	屯門青海圍2號萬寶大廈地下18號舖
108	青松觀	屯門青松觀路青松徑
109	齋之寶齋菜館	元朗紅棉圍2號興隆樓地下14號舖
110	大力素食	元朗媽橫路35號福昌樓地下7號舖
111	普蓮素食	元朗元朗安寧路38號世宙2座地下13A及15號舖
112	滋味齋	元朗水車館街82號興旺大廈地下1號舖
113	佛慈齋素食館	元朗福康街22號地下

聯絡方法	食物種類
2811-0951	港式小菜、粉麵飯
FB：入素 -life-KCC	海南雞飯、輕食快餐
www.tfsky.com.hk	港式小菜、粉麵飯
FB：入素 green entrance	海南雞飯、輕食快餐
FB：天賜素齋	港式小菜、粉麵飯
FB：大自然素食 GaiaVeggie Shop	港式小菜、粉麵飯
2650-8225	港式小菜、粉麵飯
2331-2833	港式小菜、粉麵飯
2682-6488	湯麵、餃子、日式素壽司
2669-3033	港式小菜、粉麵飯
2674-2194	港式小菜、粉麵飯
2671-0123	港式小菜、粉麵飯
FB：妙法齋 Miu Fat Chai	港式小菜、粉麵飯
FB：大力齋廚 - 屯門素食店	港式小菜、粉麵飯
2441-7806	車仔麵
2461-7117	港式小菜、粉麵飯
2442-2986	港式小菜、粉麵飯
FB：大力素食	港式小菜、粉麵飯
2715-0833	港式小菜、粉麵飯
FB：滋味齋	港式小菜、粉麵飯
http://fcvhk.com	港式小菜、粉麵飯

Chapter 4

素友掃貨！綠色素貨指南

隨著素食熱潮興起，不少蔬食專賣店、素食超市應運而生，愈來愈多人也開始嘗試每周一素，市面上出現了五花八門的素食商品，提供了更多中西日式蔬食或純素的選擇。純素不限於飲食，本章整理出多家環保裸買店，讓你在日常生活中也能選擇零殘忍、無動物成分的綠色家居用品。

坊間的產品雖都然有清晰的成分標示，但如果你是純素食者，要留意西方的純素（Vegan）定義是指不含蛋奶，但蔥蒜等五辛是包括在內。如欲了解更多素食產品標籤的定義，請翻至第2-25頁。

素食材料專門店

所有產品均由日本進口，包括鳥取縣的純素食材，坊間甚少見。

純素高湯不含動物成分，素友可以放心食用。

和風料理教室│
Veggie Labo

　　位於上環的日式食材雜貨店，專售各款產自日本的天然純素食材，包括富澤商店、飛驒山椒、Tao Organic Kitchen 等高質食材，貨品種類涵蓋糧油、香料、醬油等乾貨；日式高湯及味噌大多含動物成分，此店就有出售純素高湯及湯麵汁。Veggie Labo 更與本地鴻日農場合作每周推出無農藥季節野菜籃，依照附送的食譜及野菜說明書，就可以炮製和風家庭料理。店舖同時設有料理教室，不定期開班教煮蔬食料理，可留意官方 FB 帖文。

九州產的乾燥蔬菜，自然是儲糧最佳選擇。

店內提供自家設計的素食食譜，免費取閱。

C1

INFO

地址：上環永樂街 1-3 號世瑛大廈 5 樓
營業時間：11:00am-7:30pm（逢周三及日休息）
https://www.veggielabo.com

 Veggie Labo 🔍

交通：上環港鐵站 E2 出口，步行約 2 分鐘

素食材料專門店

懶煮的朋友可以入手這類即食飯,味蕾超級滿足,難得純素又不含五辛。

港台素材超市｜甘薯葉

Mayol 0+ 純素蛋黃醬

日本製的純素蛋黃醬,日本國產黃豆及蒟蒻製成,100% 植物成分,不含蔥蒜和蛋奶,口感與真蛋黃醬差無幾,卡路里更是蛋黃醬的一半。

這間超市是筆者經常入貨的地方,專售各類醬料、冷凍食材和零食。它的實體店或網店都有清楚列明蛋奶素、純素、五辛素,方便不同取向的素食人士。甘薯葉有自家品牌的冷凍素肉,包括港人至愛的素丸如山葵芝士丸、墨魚丸、牛蒡丸等,另還有港式點心如素叉燒飽、素燒賣、素春卷等等。值得一提的是甘薯葉的叮叮方便餐,可作為平日午餐之選,其「台式麻油雞炒飯」更是小編家中冷藏庫的必備品。

C2

INFO

地址: 九龍太子洗衣街 241-243 號地下 A 舖
＊尚有北角及葵涌分店,請至官網查閱
電話: 2333-6019
營業時間: 10:00am-8:00pm
https://batatagreens.com.hk

 Batata Greens 甘薯葉素食超市 🔍

交通: 太子港鐵站 A 出口,步行約 5 分鐘(界限街二號體育館對面)

賣的是比較傳統的貨色，貨源多來自內地、台灣或東南亞地區的產品。

糧油雜貨最齊｜恒福行

恆福行是大角咀區老字號的素食批發零售店，由1989年經營至今，貨源多來自內地、台灣、馬來西亞等地。門面非常低調，有如傳統雜貨店的感覺，一般急凍素肉、素罐頭、素零食、素即食麵等糧油雜貨十分齊全，價錢也相對合理。比較可惜離地鐵站有一段距離，較適合自駕人士或乘的士去大批掃貨。

素三文魚刺身

刺身的紋路和色澤都與真三文魚極似，味道上更有7成相似；包裝上的「沙西米」其實是Sashimi的國語讀音。

C3

地址：大角咀中匯街 23 號地下
電話：2333-6019
營業時間：周一至六 9:00am-7:00pm
　　　　　　（逢周日及公眾假期休息）

交通：奧運港鐵站 B 出口沿深旺道、旺提街，右轉入中匯行，
　　　　步程約 10 分鐘

素食材料專門店

店舖面積不大，但非常就腳，距離地鐵站步行只約5分鐘。

港式火鍋四寶丸、素點心都有齊，也有不少自家品牌的冷凍素肉。

話説小編每次在網上搜尋天喜素食，就會出現和善素食四個字，但兩間店並沒有關聯。而此店剛於2022年頭開業，可被歸類為港式火鍋雜貨店，店內兩面冷凍櫃裝滿了各式各樣的素肉、素丸、素餃子等食材，也有供應來自東南亞地區的零食小吃、即食麵、調味料等素食版乾糧雜貨。除了親身前往門市入貨，也可以透過官網下單購買。

港式火鍋食材 | 和善素食

來自泰國的Uglobe椰奶，入口含粒粒果肉，是無麩質、無乳糖的純素飲品。

C4

INFO

地址：九龍深水埗營盤街 118 號地下
電話：2322-8322 ／ 2322-8323
營業時間：9:00am-9:00pm（假期照常營業）
https://goodness-hk.com

[f] 和善素食   🔍

交通：深水埗港鐵站 A2 出口，步行約 5 分鐘（步陞鞋店旁）

4-4

店內有出售自家種植的有機蔬菜和香料。

利用蔬菜堆的蔬果人，為此店的吉祥物+打卡位。

純天然好物 — 綠匯學苑

學苑內有一間社區互助店，出售新鮮蔬果、有機農作物、糧油雜貨、低碳日用品及公平貿易貨品等，產品大多由本地社企、健康食品供應商及本地手作人提供。住大埔區的朋友，不妨預約入場逛一逛。

用天然植物纖維製造的肥皂起泡袋。

來自台灣各地的豆鼓醬、黑芝麻醬、檸檬梅醋等都是家中自煮的好幫手。

本地出品的茶樹油殺菌清潔液，可自備容器來購買。

C5

INFO

地址：大埔運頭角里 11 號
電話：2996-2800
營業時間：10:00am-5:00pm（需預約入場，逢周二休息）
https://www.greenhub.hk

f 綠匯學苑 Green Hub 🔍

交通：大埔墟站 A2 出口，穿過運頭角遊樂場步行約 8 分鐘

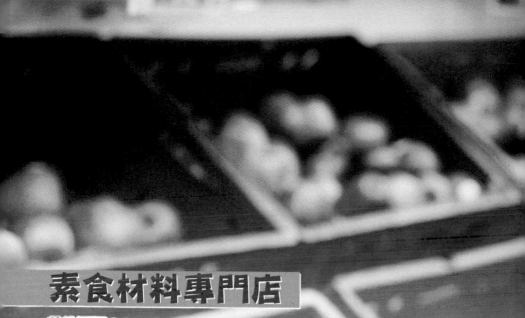

素食材料專門店

其他選擇Other Options@

Map	素材專賣店	門市地址
C6&C7	素茂	**胭佐敦店** 九龍彌敦道337號金滿樓6樓C室
		新蒲崗店 九龍新蒲崗大有街32號泰力工業中心813室
C8	Club O	旺角亞皆老街80號昌明大廈7字樓
C9	禾之家素食士多	太子彌敦道750號始創中心地下
C10&C11	Loving Hut	**新蒲崗店** 新蒲崗爵祿街33號Port 33 1樓103A店
		觀塘店 觀塘成業街27號日昇中心13樓1307室
C12	田嘢 Organic Greenfield	荃灣沙咀道科技中心1605室

素材店位置

Scan Me !

營業時間	電話	網址
2:00pm-6:00pm （逢周六及公眾假期休息）	3974-5499	https://vege-prosper.com
9:00am-5:00pm （逢周六及公眾假期休息）	2898-7481	
周二至日12:00nn-7:00pm （逢周一休息）	2619-0000	www.club-o.org
10:30am-9:00pm	2498-8728	www.evergreen-veg.com.hk
周一至五8:00am-6:00pm； 周六8:00am-1:00pm （逢周日休息）	2797-0001	www.lovinghut.com.hk/eng/home/
周一至五9:00am-6:00pm； 周六9:00am-12:00nn （逢周日休息）	2701-7099	
周一至四10:00am-4:00pm； （逢周五休息； 周末視乎情況開放， 留意FB公告）	5285-8163	FB：田嘢

#家常零食小點心

筆者自問就算是注意健康的人，偶爾也會感到嘴饞，想找零食來吃；就算工作有多忙碌，一個月至少也會在家煮上幾餐。如你不想花太多時間洗切準備的話，可以利用一些簡便的食材，以下推介多款方便又美味的零食及小點心，讓你享用快捷又有風味的美食。

Alpha Foods 素雞塊

筆者多年前首次品嘗時，曾懷疑過自己吃錯了真雞塊，一度衝入廚房反覆查看包裝標籤。這款標榜零膽固醇、零反式脂肪的植物雞塊，外脆內嫩又酥香，相信非素食者也會愛上！

Gardein 素魚柳

加拿大品牌的素魚柳，裏上金黃酥脆外皮，口感與真魚柳極相似。可利用氣炸鍋烤熟，溫度不需要調得太高，120°C焗20分鐘已可食用，更可以逼出過多的油分。

陳振華天貝

天貝（Tempeh）是由黃豆、天貝菌發酵製成的豆製品，是補充蛋白質的好選擇；將其切塊後，用保鮮紙分成數小包冷藏，方便烹煮時取用，放氣炸鍋烘至金黃色已足夠好味。部分人首次吃時會不習慣，但只要嘗過一兩次後就會被那如蘑菇般的獨特香氣吸引，甚至上癮。

Tesco 素車打芝士

無麩質、無奶的車打芝士，是筆者吃過的素食芝士中口感最好的一款，可惜經常缺貨。它的成分主要是椰子油、馬鈴薯澱粉、燕麥纖維；將其切成小磚塊，與沙律蔬菜一同食用，可增加風味。

素街燒賣

香港燒賣關注組與文樂園聯手合作推出的素食燒賣，內餡用黑木耳、菇粉、植物肉等手工炮製，餡料混合平衡、具有街頭風味；一盒 $45 只得 7 粒，不算便宜，但卻能讓小編評價為市面最好食的燒賣產品之一。

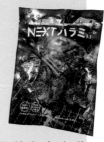

NEXT MEATS 素燒肉系列

獲 2022 年香港優質素食大獎 (HKQVA)，產自日本並強調是無添加食品，以大豆蛋白為原材料，低卡低脂、高蛋白質、零膽固醇，簡單加熱放飯面拌食就得，口味包括牛丼、牛小排及胸腹肉等三種。

reen Common 純素天然果汁軟糖

市面上大部分的軟糖都以含有動物成分的明膠製造；這軟糖是獲國際純素協會註冊的純素軟糖，以葡萄糖膠代明膠，口感與一般軟糖相似且無人工色素和香料。

德緣純素酸辣粉

馬來西亞酸辣粉配料豐富、不含五辛，湯底極濃郁，調味包有烏醋、花生、豆皮、蔬菜包，配上由紅薯製成的粉條，激發味蕾超過癮！儲糧必備品！

Califia Farms 燕麥奶

北美植物奶熱銷第一品牌，不含麩質、非基因改造的全穀燕麥製成，比牛奶鈣質高出一倍的無糖燕麥奶，香醇濃郁之餘口感潤滑，真心覺得好飲過很多奶製品。

農心蔬菜味拉麵

這款蔬菜麵與大家熟悉的韓國辛拉麵屬同一品牌，換成綠色包裝，麵條質感也很類似，粗細適中且有嚼勁；湯底屬清淡微辣，帶少許蔬菜的甘甜，適合愛吃辛辣麵又怕太辣的人。

#素食網購平台
食材送上門！

　　筆者自從成了素食者後，無論外出用膳還是到商店購買食材，都要學習先閱讀包裝標籤；不能再像以前那樣，隨手選購食物或無視餐單的內容。因此每次上網購買食物，反而覺得是最方便的，可以細讀包裝標籤。香港近年出現了很多專售素食食材的網店，由新鮮蔬果到素肉產品和零食都有，買滿指定金額更可以送貨上門，足不出戶都買到餸。

網上買餸平台｜快餸街市

　　與本地各大農場合作，蔬菜、水果、糧油雜貨一應俱全；羽衣甘籃一包 $18、富士蘋果 $35/4個，價錢與街市相若；網站內葷素都有，猶如在街市買餸一樣；買滿 $200 已經有得送貨，門檻算低。下單時還可以選擇貨到付款，每晚8:30pm前落單，最快翌日送到上門。

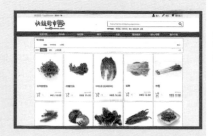

網址：https://www.food2homes.com
免運費金額：買滿 $200 享免運費

No.1格價平台｜HKTVMALL

　　不用多介紹！如此龐大的網店，大家都知道它有海量的食材和生活用品，就連素食產品也數之不盡。它雖然沒有一個專門的素食分類，但在搜索欄位置輸入「素食」就可以找到過千款貨品。因為它經常都有不同類型的特價優惠，遇到貨品減價促銷時，價錢可能比超市更便宜，所以我每次入貨前都會先到這裡格價。

網址：https://www.hktvmall.com
免運費金額：普通客戶買滿 $500；VIP 會員買滿 $350 享免運費；
　　　　　　　　買滿 $200 門市自取享免運費

精選冷凍素肉 | 素樂送

　　素樂送是急凍素食網上商店，有過百款冷凍素肉、罐頭、醬料等食材選擇，貨源主要來自台灣及馬來西亞等地方。產品數量雖不算多，但網站分類清晰、一目了然，有氣炸、蒸煮、火鍋系列等食材種類，亦提供蛋素、奶素、純素等專區，可根據個人取向而選擇。

網址： https://deliververggie.com
免運費金額： 買滿 $500 享免運費；買滿 $300+ 運費 $60；任何金額荃灣倉自取免費

新鮮水耕菜 | Aqua Green

　　香港水耕農產品牌 Aqua Green 在本地多間超市有售外，也設有網上商店；由小包裝的菇菌類、沙律菜至家庭裝蔬菜組合都有，還有紅菜頭麵包、紅蘿蔔麵包、肉桂提子貝果包等可選購；值得一提網站內有出售「連盆」的菜苗，讓你自行在家 Farm to Table，需要時才摘取、洗乾淨即可食用，訂滿 $250 便可免費送貨上門。

網址： https://www.soulgreen.com.hk
免運費金額： 買滿 $250 享免運費；
　　　　　　　　周一至五中午12點截單，隔日安排送貨（偏遠地區除外）

純素生活雜貨 | 一素店

　　跟前述介紹的網店不同，一素店並非出售冷凍素肉產品，它比較像一間雜貨士多。店主從世界各地搜羅純素糧油雜貨，產品原材料均為不含蛋、奶或動物成分的純素食材或日用品，包括無動物測試的護膚美容品、淋浴清潔液、家居消毒劑等，亦有給寵物食用的素食雜糧及護理用品。

網址： https://zh-hk.oneveganshop.com
免運費金額： 買滿 $300 享免運費

素食網購平台

素食購物網	出售貨品
Green Common	一站式素食產品超市，種類五花百門，急凍食品、糧油雜貨應有盡有，更有自家研發的OmniFoods新植物肉
五草車素食谷	所有產品不含五辛，有來自日韓、泰國、歐美的素材；主要出售各類零食、醬料、材料包、即食麵等乾貨為主
素好 Soho Veggie	網站有超過五百款素材，貨種多元化，有提供蛋素、奶素、純素等專區
甘薯葉	香港品牌的素食超市，有自家出品的冷凍素肉，食品種類繁多
和善素食	有超過二百款來自台灣、馬來西亞的冷凍素肉，也有自家品牌的火鍋食材
iHerb	販售歐美上萬種保健食品或有機零食，如堅果、藜麥、香草茶等，更有維他命補充劑，選擇多又便宜
Green Gourmet 綠坊	專售由外國進口產品，涵蓋各種有機食品，包括不含麩質、無添加劑的糧油雜貨，更有市面不多見的素食棉花糖及健康零食
Oisix	日本的網上超市，提供有機或低農藥栽培農作物，專售日本各地合作農場的當造蔬果及產品；每星期定時由日本直送各類食材，每周推出不同的 $1 商品

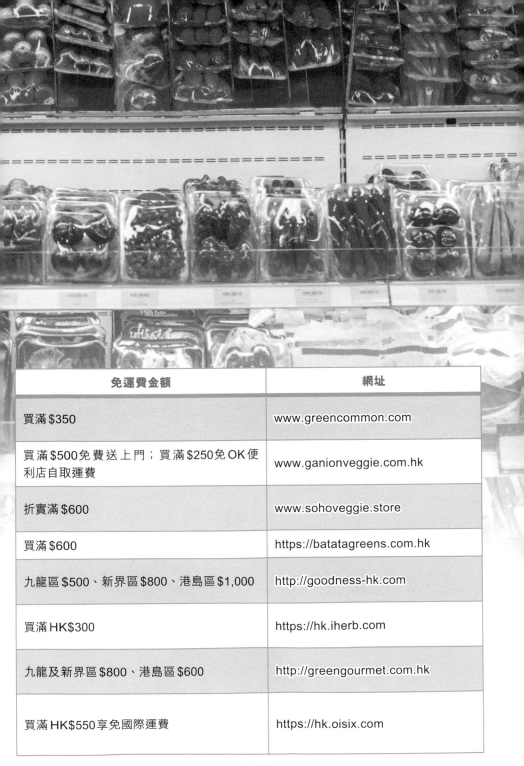

免運費金額	網址
買滿 $350	www.greencommon.com
買滿 $500 免費送上門；買滿 $250 免 OK 便利店自取運費	www.ganionveggie.com.hk
折實滿 $600	www.sohoveggie.store
買滿 $600	https://batatagreens.com.hk
九龍區 $500、新界區 $800、港島區 $1,000	http://goodness-hk.com
買滿 HK$300	https://hk.iherb.com
九龍及新界區 $800、港島區 $600	http://greengourmet.com.hk
買滿 HK$550 享免國際運費	https://hk.oisix.com

零包裝消費！
環保裸買店

#感謝你支持環保！減少對地球資源的消耗

#實踐源頭減廢！源頭在哪裡？就在我們這裡！

#數一數你今個星期扰咗幾多垃圾？

#聰明的你，避免購買過度包裝的商品

#自備餐具、減少用飲管、攪拌棒

#選購天然物料、不經動物測試、無化學添加的產品

#紙張雙面使用，重複使用舊信封、舊紙袋

#膠樽、玻璃樽用完唔好扰，沖洗乾淨再重用或交去回收站/箱

#8類可回收物，即係邊8樣？

#廢紙、金屬、塑膠、玻璃、四電一腦、小型電器、充電池、慳電膽及光管

#區區有回收便利點，記得正確回收 www.wastereduction.gov.hk

環保是一種日積月累的生活態度，它確實急不來，也迫不得，單靠一人的力量也難有成效。注重健康的素食者，一般相對容易接受環保概念，反過來也是這樣。説到底，環保與素食雖屬不同的議題，兩者仍是環環相扣的。

談到環保，筆者認為首先要學習斷捨離，不買多餘、有包裝的東西，檢視自己的垃圾來源，學懂原來很多必需品都是不必要的。鼓勵大家由最簡單的自攜餐具做起，再來就是走塑裸買，用幾多買幾多，減少製造不必要的廢物。從日常小事開始，當你沒冇過多的物質慾望時，就會覺察人生過得更自在。

點解要幫襯裸買店？

香港近年愈來愈多零包裝雜貨店，主張自備容器，散裝購買，鼓勵源頭減廢。其實大家回想一下，香港早就有裸買店，80年代的舊式雜貨店，一個個大麻包袋盛載各類食材；舊時貨品都是散裝購買，已包裝好的產品反而相對少。時至今日，大眾貪方便的趨勢下，不必要的獨立包裝洶湧而出，人人貪方便，忘記了零包裝的好處。以下五項要點，希望能提醒大家謹慎消費，精準購物。

1. 適量散買先試一試

散裝的好處是要幾多買幾多，不囤積貨物，不造成浪費，還可以少量先試一試是否喜歡或合用，例如避免一包早餐麥片吃到三分之一就放到過期丟掉，偶爾會發生同類事情的人一定有共鳴。反之，如果有某些食材經常會使用到的，可以購買大包裝，以減少垃圾產生。

2. 改變使用習慣

追求耐用性高的商品，包括可重用和可回收的產品，例如減少購買紙巾、改用手帕，雨天時自備吸濕雨傘袋，改用可循環再用口罩，改用可生物降解的保鮮紙和垃圾袋……等等，通通以減廢為原則。日常的護膚品、化妝品和個人護理用品，也可選用可再生物料、不經動物測試、不含化學成分及可持續的產品。

3. 自備容器及餐具

自備環保袋早已是老生常談，如果你能隨身攜帶容器及餐具，也是不錯的習慣。例如上班族每朝可以自備環保杯購買飲品，又或者幫襯一些接受自備容器的餐廳，不要少看你的感染力，這一舉動等同鼓勵大家進行低碳生活，減少浪費。

4. 需要還是想要？

買任何東西之前，先冷靜想一想──是需要還是想要？不要單純因為物件可愛、有趣而去購買，應該注重物品的實用性多於外觀，購買後放著不用就真的很浪費；可以先拍照等待真的需要時再決定是否要花這筆錢，以時間來證明它的急切性；務求從生活小細節去改變，嘗試一星期不購物有助改變消費習慣。

5. 支持本地生產

選購本地有機農場出產的新鮮蔬菜和農產品，既可品嘗食材的鮮味，又能減少碳足跡。「食物里程」是指食物由生產開始，到達消費者手上途經的距離。換言之運送時間愈長，所產生的碳足跡就愈多；因此盡量購買本地生產的商品，不但可支持本土企業，更可減低對環境的污染。

西貢墟天后古廟旁有一間名為點籽的小店，致力推廣環保及支持本地生產；所謂每人一小步、地球一大步，點籽自製的一張回顧圖，表示多年來賣出逾萬卷再造廁紙，相當於拯救了地球13棵樹。店鋪入口處有大桶裝的洗髮液、清潔劑、有機皂液等個人或家居清潔用品，顧客可自備容器，裝入需要的分量，減少製造垃圾。除了糧油雜貨，還有本地生產的麵餅、乾果、可重用口罩，亦有售香港本地品牌有機護膚品、可重用化妝棉等。忘記自攜容器或購物袋的話，可購買現場由別人捐贈的膠樽，收益作慈善用途。

撐小店！

環保的種子 | 點籽

淋浴產品、清潔劑和環保酵素等，都要自己帶樽仔來買。

店內熱賣榜 Mill Mill 喵坊再造紙榜上有名，不時售罄。

店裡賣的生活用品都可以重用。

店舖擺設甚有地區特色，以漁網袋裝麵，節省空間又美觀。

D1

INFO

地址：西貢西貢醫局街 29 號
電話：5703-2223
營業時間：11:00am-7:00pm
https://seedhongkong.com

交通：鑽石山港鐵站轉乘 92 號巴士，於西貢巴士總站下車，
再步行約 5 分鐘

有過百款來自世界各地的品牌，主要是有機及以環保材料製造的日常用品。

文青生活空間 | SLOWOOD

環境設計明亮簡約，還以為置身於無印。

由港人創立的Slowood是一間裸買雜貨店，旗艦店位於堅尼地城，全場3,500呎，到過中環街市參觀的人都會認得這家店。它搜羅來自世界各地的環保產品品牌，分為食材區、美妝區和生活用品區，將起居飲食的有機或環保物品聚在一起。食材類整齊地把油、鹽、米、廚具，以克計算，想要幾多夾幾多，不會浪費。如果你對環保生活有追求的話，喜歡購買有機材料、天然物料、公平貿易或可持續發展的貨品，這是一間頗值得你一逛的商店。

可生物降解的紙尿片，環保應從生活細節入手。

種菇袋每日噴灑保濕，收成後可重複步驟再栽種。

所有生活用品來自世界各地。

台灣製的蘋果清潔噴劑，用作清洗蔬果表面。

淨化空間的名物，聖木與鼠尾草。

D2

INFO

地址：堅尼地城爹核士街 11 號浚峰地下 1-3 號舖
電話：2818-0203
營業時間：10:00am-10:00pm
https://www.slowood.hk

交通：堅尼地城港鐵站 C 出口，步行約 2 分鐘

香港首間無包裝小店 Live Zero，提供裸買的食材有茶葉、香料、麵食、早餐穀物片等。

無包裝概念 | Live Zero

有無計過每日護膚用幾多片即棄棉？如果你想為環保出一分力，不如考慮循環再用的代替品。Live Zero 就有不少綠色環保產品，例如各種有機護膚品、化妝品及生活用品，不但對皮膚更好，對環境也好。店內貨品頗多元化，還出售竹製牙刷、月經杯、化妝棉等可持續發展產品；全部食材都零包裝，以產品重量計算，如果仁、香料、零食、冷凍烘焙材料等，連寵物潔齒骨都可以按需要散買；店方除了鼓勵大家自備容器之外，客人可以 $1 購買玻璃瓶，亦歡迎顧客捐出自己的容器，將循環再用的概念傳承下去。

店內指示，不要把食物放回，夾多少買多少，確保衛生。

可重用化妝棉,清洗乾淨然後晾乾就可再用,代替即棄化妝棉。

無漂染竹漿紙,取代傳統樹木以損害環境的方法造紙。

忘記帶容器的話可以$1現場購入已消毒玻璃瓶,貫徹環保循環再用的概念。

冷凍區內有散裝的冷凍食材,如餡餅、牛角酥、新豬肉咖喱批等食物。

寵物潔齒骨不含人造色素及防腐劑,全天然植物製造。

D3

INFO

地址:西營盤高街 33 號地舖
電話:9433-3394
營業時間:11:00am-8:00pm
https://livezero.hk

交通:西營盤港鐵站 C 出口,步行約 2 分鐘

文青風的雜貨店，主打有機、公平、永續的商品，推動本土社區經濟。

社區小店｜喜居生活

一系列柴米油鹽醬醋茶陳列在貨架上。

匯集本地各小型生產商的精選貨品，提供生活必需品而非消費品，店內有一系列柴米油鹽醬醋茶，供大家裸買，由睡房、沖涼房到廚房所需的綠色產品，統統是環保、有機、公平、永續生產的貨品，並將充滿誠意和具質素的產品推出市場，亦有喜居生活自家出品的有機廣東麵，由本地老字號製麵廠生產，藉散裝裸買計劃鼓勵大家按需要分量購買，不把金錢花在包裝費上。

供應各種散裝米，省卻不必要的包裝垃圾。

店內的擺設令人想起舊時雜貨店的回憶。

自家出品的有機廣東麵，非油炸、無添加防腐劑及人造色素，更有純素選擇。

支持環保可以從自備餐具做起，也可以購買eco-friendly飲管及環保杯。

各種由天然植物材料製成的清潔液及沐浴液，用幾多買幾多。

以時裝布辦回收再造，改寫廢布的命運。

D4

INFO

地址：灣仔軒尼詩道 302-308 號集成中心 UG/F, UG 6 舖
電話：6730-0643
營業時間：1:00pm-7:30pm（逢周一休息；周日營業至 6:30pm）
https://livelylifehk.com

交通：灣仔港鐵站 A4 出口，步行約 7 分鐘

商店裏所有食品都沒有包裝。記得自備瓶子和購物袋。

有機環保用品 | Loop Store

各種天然清潔材料，包括天然茶籽粉、小梳打粉、過碳酸鈉以及有機皂液。

　　店舖細小的空間裡放滿環保雜貨，店裏陳列著一個個玻璃瓶，顧客能以散裝方式購買健康零食、早餐麥片、堅果、乾果等食材，更有各類廚房及浴室用品如洗衣粉、沐浴液、洗頭水等，全屬天然或有機產品；想貫徹低碳生活，其實是要從源頭減廢概念入手，包括減少使用化學物品，更可嘗試零包裝及走塑購物，例如不過分積存日常用品，每個月裝一次洗頭水、沐浴露回家，一個生活習慣小改變，已可以減少對身體及地球帶來的負荷。

排列整齊的各種台灣直送的酥脆果乾，按重量和需要購買。

散買各種餅乾茶飲、脆片堅果、有機零食，省卻不必要的包裝垃圾。

香港本土製的布口罩及可重用化妝棉，純手工製作。

店內也有提供已消毒的玻璃瓶及紙袋。

牆上有指示裸買程序，中英對照：消毒雙手、
記錄自備容器重量、裝入容器及秤重等。

環保寵物便便袋，可沖廁水溶
性，可生物降解，不含塑膠成分。

D5

INFO

地址：西灣河太祥街太祥樓地下 K 舖
電話：9123-69803
營業時間：周一、三、五至日 11:00am-7:00pm；
　　　　　周二及四 12:00nn-8:00pm

f　　loop store 環圓生活　　　　　　Q

交通：西灣河港鐵站 B 出口，步行約 4 分鐘

想嘗試環保生活的人可在這裡學習，從零開始改變生活習慣。

低碳生活選物 | Pimary

天然健康的日用品，也可以很美觀的。

Slowood 的姊妹店，由大埔的隱匿小村走入城市，把環保理念伸延至市區，與南豐紗廠合作開設了第二家概念店，店舖結合木材與布料的質感，營造大自然的氣息。Pimary 主打天然和環保選物，售賣有機護膚品及生活用品，更引入不少本地品牌如 Sweet Vegan、That's it 純綷、YIO 二澳農作社；透過在各地進行公平貿易，購入天然或有機產品，將環保意識帶入香港。

購買必需品之餘貫徹綠色生活。

環保不只是口號，要從日常飲食及家居生活做起。

D6

INFO

地址：荃灣白田壩街 45 號南豐紗廠 1 樓 105 號舖
電話：9858-1226
營業時間：周一至五 12:00nn-7:00pm；
　　　　　　周六至日及公眾假期 11:00am-8:00pm
https://pimaryhk.com

交通：荃灣港鐵站 A4 出口，有免費穿梭巴士前往南豐紗廠

日常豐作跟西式裸買店不同，主打平民路線。

撐小店！

鄰里互助 | 日常豐作

　　位置略為偏僻的日常豐作，以販賣生活雜貨及環保商品為主，是九龍東暫時唯一裸買店，吸引一眾支持環保的街坊客戶。店舖主打本地生產的各種日常用品，例如三合一手工皂已能滿足洗頭、護髮、沐浴所需，為環保出力之餘也可節省金錢。店方每周為街坊訂購本地有機菜，更有本地生產的醬料、麵餅等。平時在超市需要買一大包，這裏可以選擇個人合適分量，想吃多少就買多少。

三合一手工皂，一次過能滿足洗頭、護髮、沐浴所需。

各種無漂白劑、無化學物成分的多用途清潔劑。

店方每周為街坊訂購本地有機菜。
（photo©日常豐作）

D7

地址：九龍灣宏光道 80 號麗晶商場 2 樓 215 號舖
電話：6172-0788
營業時間：12:00nn-7:00pm（逢周三營業至 9:00pm）

f　日常豐作　🔍

交通：九龍灣港鐵站 A 出口，步行至德福花園巴士總站，
　　　　轉乘 51M 小巴直達麗晶花園

INFO

店鋪位置

環保裸買店

其他選擇 Other Options@

MAP	裸買店	地址
D8	Green Bitch 綠八港女環保店	尖沙咀嘉蘭圍5-11號利時商場438號舖
D9	Organic We 對得住地球基地	旺角西洋菜南街5號好望角大廈16樓1601室
D10	COMMON ROOM 337	九龍城太子道西379號家歡樓地下 G2舖
D11	知慳惜儉	大角咀必發道128號宏創方6樓610室
D12	Hidden Gems	荃灣南豐紗廠101號
D13	綠領駅	沙田3樓 S9號瀝源邨福海樓
D14	The BulkShoppers	大埔安慈路3號翠屏商場2樓9E號舖
D15	同里舍	元朗鳳琴街18號玉龍樓1樓12號舖
D16	Garden Artemis 樂庭	愉景灣北廣場辦公室2座低層10號

營業時間	電話 / 網址
周一至日1:00pm-7:00pm （逢周三休息）	9685-6550 www.greenbitch.store
周一至五12:30nn-8:30pm； 周六及日11:30am-7:30pm	3791-2666 www.organicwe.com
周一至五12:00nn-7:00pm； 周六、日及公眾假11:00am-7:00pm	5983-3060 https://commonroom337.com
周一至日11:00am-8:00pm （逢周三休息）	9080-9984 FB：知慳惜儉
周一至日1:00pm-7:00pm	www.hiddengems.hk
周一、二及四10:00am-6:00pm； （逢周三及公眾假期休息）	3499-1780 www.greeners-action.org
周二至四12:00nn-7:00pm； 周六及日11:00am-7:00pm （逢周一及五休息）	5161-9454 www.thebulkshophk.com
周一、二及五至日12:30nn-7:30pm； 周三10:30am-6:00pm； 周四4:30pm-8:00pm	9684-9960 www.toneedshed.com
周一至日10:00am-6:00pm	9137-4833 https://gardenartemis.business.site

Chapter 5
自煮素食料理

少肉多蔬不單只健康，更是一種善待自己、追求原味，讓身體減少負擔的飲食覺醒。以下精選的5款素菜食譜，由營養學專家王俊華提供，教你用簡單的食材，做出多種不同變化的菜式，包括有蔬食沙律拼盤、藜麥飯、雜菜咖喱和滋潤的雜豆湯等等。這5道菜式不但營養滿分，更色彩繽紛，讓家常菜變得美味有營，不再單調無聊，尾聲還有小編的心水推介。

Menu

專家分享5款自煮食譜

湯 餸 飯 沙律

專家資歷

脊醫王俊華

香港註冊脊醫
美國註冊臨床營養學專家

墨西哥風味藜麥飯（五辛素）

藜麥（Quinoa）是南美高地特有的穀類植物，有黑、白、紅等三種顏色，它所含的蛋白質和纖維都比白米和糙米高，且不含麩質，分量少少已經可以帶來飽肚感。不少人會以藜麥取代白飯，或將熟藜麥添加到沙律中食用。

分量：1-2人

材料：		調味料：	
藜麥杯	1/2 -1杯	鹽	適量
黑豆	1/4 - 1/2 杯	香草	適量
牛油果	1-2個	莎莎醬（Salsa）	20-30ml
粟米粒	1/4 杯	橄欖油	適量
番茄	1個	孜然粉	半茶匙
甜椒	1個	青檸	1/2個
生菜或菠菜苗	1/2 -1杯		
紅洋蔥	1/4 - 1/2 個		

1

中火加熱鑊器，加2-3茶匙橄欖油，放入洋蔥粒、燈籠椒粒、番茄粒等炒2-3分鐘；

2

然後加孜然粉、鹽炒1分鐘；再加1-2杯水、藜麥、粟米粒和已煮熟的黑豆，加蓋中火煮15分鐘，熄火焗5-10分鐘，即可上碟；
（注：水量因應煮食工具大小不同而有變，請自行調節，準則是煮至15分鐘後收乾水分，又不會燒焦底部。）

3　在碟邊鋪上生菜或菠菜苗、牛油果、莎莎醬、少量洋蔥粒、青檸片。

薑黃糙米飯配雜菜咖喱（五辛素）

　　薑黃屬於薑科薑黃屬植物，其根莖可被磨成粉作為香料，咖喱的黃色來源就是薑黃。薑黃當中的有效成分為薑黃素（Curcumin），具有抗氧化、抗炎功效。薑黃除了用來烹調咖喱，更可酌量添加於飲品中，亦可混合白米蒸煮。

分量：2人

材料：		調味料：	
糙米	1/2 - 1杯	素咖喱醬	15-20ml
天貝	1/2 - 1包	椰醬	20-30ml
秋葵	4-6條	洋蔥	1/4個
花椰菜	1/8 - 1/4個	蒜頭	1-3瓣
西蘭花	1/4個	薑黃粉	適量
薯仔	1/2個	橄欖油	適量
紅蘿蔔	1/4 -1/2 條		

1

煲飯：
糙米洗淨置入飯煲，加適量的水，加入1-2茶匙薑黃粉，煲熟備用；

2

預備食材：
· 天貝、花椰菜、西蘭花：切塊備用；
· 薯仔、紅蘿蔔：去皮切塊備用；
· 秋葵洗淨備用；

3

煮咖喱：
· 中火燒熱鑊器，加少許橄欖油，加已切粒的洋蔥、蒜頭炒1-2分鐘；·放入薯仔、紅蘿蔔、半杯水、素咖喱醬，加蓋中火煮8-10分鐘；然後放入天貝，加蓋煮4分鐘；
· 最後加秋葵、花椰菜、西蘭花、椰醬，加蓋再煮4-5分鐘即可。

焗南瓜扁豆拼雜菜（純素）

　　啡扁豆又名小扁豆，是印度、尼泊爾等地的日常食品之一，含豐富的維他命B、鐵質、纖維和蛋白質，擁有獨特的香氣，吃起來微甜清爽。

分量：1人			
材料：		**調味料：**	
啡扁豆	1/4 - 1/2杯	黑胡椒粉（即磨）	適量
南瓜	10-16oz	鹽	適量
南瓜籽	15-20ml	香草	適量
紫椰菜	4-8oz	橄欖油	適量
粟米	1/4 - 1/2條	煙熏紅椒粉	適量（按喜好選用）
秋葵	3-5條	沙律醬	10-15ml

1

焗南瓜粒：
南瓜去皮切粗粒，掃少量油於焗盤及南瓜表面，以200°C溫度焗15-20分鐘；

2 啡扁豆加水，以中火煮15-20分鐘，熄火焗10分鐘；加入調味料（黑椒、鹽、香草、橄欖油）攪勻備用；

3 粟米用水蒸10分鐘，可整支粟米或切成粟米粒備用；

4 秋葵用水蒸5-8分鐘，瀝乾備用；

5

紫椰菜洗淨，切絲備用；南瓜籽備用；

6 將以上材料鋪上碟，灑少許煙熏紅椒粉、黑椒粉、可按自己口味加少量沙律醬，即可食用。

鷹嘴豆蓉露筍菠菜拼盤（純素）

　　鷹嘴豆（Chickpea）為高蛋白、低脂肪的豆類食物，原產自中東與南歐等地區。在地中海的經典吃法就是製成豆泥醬（稱為Hummus），吃起來香甜綿滑，可塗抹在麵包或中東烤餅上一同食用。

分量：1人			
材料：		**調味料：**	
鷹嘴豆	1/4 - 1/2 杯	黑胡椒粉（即磨）	適量
杏仁	10-15粒	鹽	適量
迷你露筍	8-10 條	香草	適量
菠菜苗	1/2-1 杯	橄欖油	適量
蕃茄	1/2個	煙熏紅椒粉	適量（按喜好選用）
甜椒	1/4個	花生醬或沙律醬	20-30ml

1

鷹嘴豆蓉：
a. 鷹嘴豆加水，中火煮15-20分鐘，熄火焗10分鐘；
b. 把鷹嘴豆及調味料（黑胡椒粉、鹽、香草、橄欖油、花生醬或沙律醬）放入攪拌機，攪成豆蓉狀；

2

迷你露筍：
中火加熱煎鑊後，倒入少許橄欖油，煎炒露筍1-2分鐘（可加少量清水令露筍更軟熟）；

3

蕃茄、甜椒洗淨及切片備用；
菠菜苗洗淨備用；杏仁備用；

4

將以上材料上碟，灑少許煙熏紅椒粉、黑椒粉即可食用。

紅菜頭雜豆湯（純素）

紅菜頭（Beetroot）屬根莖類蔬菜，蘊藏多種維他命、鐵質和抗氧化物甜菜鹼（Betalain），與鷹嘴豆一樣被公認為超級食物，而且卡路里低，是健康減肥的恩物。

分量：1-2人			
材料：			
生腰果	10-15粒	黑豆	1/2杯
紅蘿蔔	1/2-1條	紅豆	1/2杯
紅菜頭	1/2-1個	眉豆	1/2杯
粟米	1條	白扁豆	1/2杯
黃耳	2-3小塊	花生	1/2杯

1

黃耳洗淨用水浸 3-6 小時，瀝乾備用；雜豆洗淨用水浸3-6小時，瀝乾備用

2

紅蘿蔔、紅菜頭等去皮切塊備用；腰果洗淨備用；

3 把以上食材放入鍋中加水，大火煲6-8分鐘，轉中火煲10分鐘，最後細火煲10-15分鐘即可。

零失敗純素食譜

　　自從無肉食的日子開始後，入廚自煮的機會就增多了。但每天吃自己煮的食物確實容易厭倦！所以我開始嘗試烹煮各種地方料理來保持新鮮感，於是煮食變成了我生活的一大樂趣。累積了一點經驗後，決定與大家分享一下。當中純素乳酪的材料浸泡需時，但只要返工出門前準備好，下班回家就可以輕鬆炮製，更可以一物多用。

南瓜餅＋薑黃椰菜花飯（純素）

　　椰菜花屬十字花科蔬菜，熱量低又營養高，含維他命C、β-胡蘿蔔素等抗氧化物；因椰菜花有豐富的纖維，進食後有飽腹感，可取代米飯成為主糧，減少身體負擔，是絕佳的減肥美食。

分量：2人			
材料：		**調味料：**	
日本南瓜	1/4個	鹽	適量
南瓜籽	1湯匙	糖	1茶匙
迷你薯仔	1-2個	黑胡椒粉	適量
蓮藕	1/4個	糯米粉	半碗
椰菜花	半個	薑黃粉	1茶匙
生薑	2片	咖喱醬	1湯匙

南瓜餅做法：

1

薯仔、南瓜、蓮藕去皮切件，隔水蒸熟；

2

放碗內壓成蓉、加入南瓜籽、鹽、黑胡椒粉及糯米粉，拌勻；

3

燒熱油鑊，將南瓜蓉搓成餅狀，煎至兩面焦香即可上碟。

椰菜花飯做法：

 摘掉椰菜花葉子，沿花蕾根部剪下成小朵，避免花蕾四分五裂；

椰菜花用攪拌機攪碎或磨成米粒大小備用；

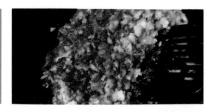

熱鑊加油，爆香薑片，加入椰菜花、鹽及糖炒勻；

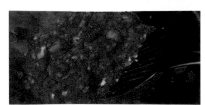

最後加入薑黃粉及咖喱醬快速拌炒，再炒至乾身即成。

羽衣甘藍藜麥沙律
配黑橄欖醬

　　羽衣甘藍葉形如羽毛狀，屬十字花科蔬菜，與椰菜花及西蘭花同一家族，其營養價值高，不但熱量低，維他命A、C及K含量豐富，還有β-胡蘿蔔素、鈣質及鐵質，被列為超級食物，可生吃又可榨成蔬果汁。

分量：2人

材料：		調味料：	
鷹嘴豆	1/4杯	黑胡椒粉	少許
黑藜麥	2湯匙	鹽	1茶匙
青蘋果	1個	糖	1茶匙
迷你青瓜	1條	橄欖油	2茶匙
車厘茄	少量	意大利黑醋	2湯匙
羽衣甘藍	50克	檸檬汁	1湯匙
沙律生菜	數片	香草	數片
桑甚	少量	黑橄欖	3粒
雞蛋（純素者可略過）	1粒		

1 鷹嘴豆加水浸泡一晚，隔天瀝水後放進鍋內，加鹽跟水煮滾後，轉小火炆煮20分鐘；

2

黑藜麥到底蒸多久才會熟呢？教大家一個技巧，生的藜麥是看不到芽的，煮熟時，會看到它白白的胚芽冒出來。

黑藜麥用細小濾網以清水沖洗，將洗好的藜麥放在不銹鋼容器中隔水蒸熟；

3

羽衣甘藍、沙律生菜、青瓜洗淨切小塊；桑甚、車厘茄洗淨；青蘋果去核去蒂切細件；
＊純素者可略過步驟4，直接跳至步驟5

4 雞蛋放進煮沸的開水中焓7分鐘，熟蛋放冰水浸約3分鐘，冷卻後剝掉蛋殼；

5 將黑橄欖、香草切碎，倒入調味料（黑胡椒粉、鹽、糖、橄欖油、黑醋汁、檸檬汁）攪勻，加入材料中拌勻即可食用。

分量：1人			
材料：		**調味料：**	
墨西哥餅皮	1片	鷹嘴豆	30克
沙律生菜	適量	腰果	30克
硬豆腐	1件	日式芝麻醬	2茶匙
青瓜	半條	豆漿	半杯
紅蘿蔔	半條	檸檬汁	1茶匙
洋蔥（純素者可略過）	適量		

豆腐鷹嘴豆醬墨西哥卷

　　這個墨西哥捲餅做法不算繁複，也不用預先解凍任何食材，利用墨西哥捲餅就能製成美味的早餐，再配上一杯香濃咖啡，味道不錯之餘，不用花上太多時間，就能享用營養滿分的早餐。

1 |

青瓜、洋蔥洗淨切條、紅蘿蔔去皮切條；

2 |

豆腐以滾水輕輕灼燙，撈起切條；

3 |

墨西哥餅皮放熱鑊上，無需加油，輕烘加熱；

4 |

餅皮抹上一層鷹嘴豆醬，鋪上生菜及其他材料；

5 |

把餅皮捲起來就能切件食用。

鷹嘴豆醬做法：

a | 鷹嘴豆、腰果洗淨浸2小時，瀝乾水分；

b | 鷹嘴豆放鍋中加2杯水慢火煮約20分鐘，瀝水備用；

c | 將鷹嘴豆、腰果、芝麻醬、豆漿、檸檬汁放攪拌機打成蓉即可。

牛油果豆腐青瓜壽司（純素）

分量：2人			
材料：			
迷你青瓜	1條	紫菜	2片
硬豆腐	半磚	素蠔油	適量
牛油果	半個	壽司捲簾	1張
紅燈籠椒	半個		

1 青瓜洗淨切條，加入適量的蒜蓉、鹽、麻油及米醋醃15分鐘；

2

牛油果去核去皮切條；豆腐切條，掃上素蠔油煎成金黃色備用；

3

壽司竹簾攤平，鋪上一片紫菜，較粗糙的一面朝上；均勻鋪上壽司飯（約半碗飯），不要鋪得太滿，頂端留下3cm虛位；

4

靠近自己一邊留3cm才開始放料，鋪上紅燈籠椒、豆腐、牛油果、青瓜；

5

利用壽司捲簾將壽司捲起來,記得一邊捲一邊把它壓實固定;

6 壽司捲起後不要馬上切,待5分鐘後切件即成。

小提醒:
切時刀要沾水或醋,預備一碗水在旁就比較方便,每切完一件再沾一點水,這樣就不會黏著。

材料:

珍珠米	1杯
米醋	1湯匙
蔗糖和海鹽	適量

壽司飯做法:

a 珍珠米第一次沖水後,把水倒掉,用手輕輕攪拌重複洗3-4次,不要大力搓洗;

b 瀝乾水後再加水,米和水的比例約為1:1.2,讓白米浸泡30分鐘,充分吸收水分;

c 白飯煮熟後立即倒入木桶或大碗內,趁熱加入壽司醋及適量糖和鹽拌勻;

d 最後將毛巾蓋在木桶或碗面待涼,以保持水分不流失。

素腰果乳酪醬

事前準備！

筆者雖然喜愛食素，但一直難斷除奶製品，尤其乳酪更是我的至愛食糧。當我戒掉蛋奶成為Vegan後，開始鑽研一些替代品，後來發現腰果也能創作出不輸乳酪的另一種味道。只要上班前或早一晚放水浸，回家就可以輕鬆製作。這種素乳酪入口超滑溜香甜，可配合早餐穀物片一起食用，或作為三文治的醬料塗抹都一流。

分量：2人

材料：

嫩豆腐	半磚	楓糖漿	2茶匙
腰果	80克	鹽	1茶匙
果醋或檸檬汁	2 湯匙	豆漿	200ml

1

腰果加水浸泡至少4小時，瀝水備用；

2

將所有食材放入攪拌機打至糊狀；

3

小提醒：
可利用電動打蛋器，把攪拌後的材料再打數分鐘至幼滑，口感更佳。

倒進碗內放入雪櫃
冷藏1小時即可。

紅石榴芒果素乳酪

素乳酪利用 1

打開紅石榴，其鮮紅色的果肉晶瑩如寶石。紅石榴是水果界的Super Food，內含纖維、維他命 A、C，具有美容抗氧化功效。但不少人都覺得石榴很難剝，皮肉難分，以下就教你一招快速剝石榴的好方法。

分量：1人

材料：

早餐穀物片	半碗	紅石榴	1/4個
愛文芒果	半個	素腰果乳酪 （做法見5-23頁）	半碗

1

紅石榴用水稍微清洗一下，先切去石榴頂部；

2

沿果肉的白衣紋理，在外皮劃幾刀，總共約5-6刀

3

用手剝開果肉後，就可以取出石榴籽；

4

愛文芒果去皮切件，將所有材料放碗內，與素乳酪拌勻即可食用。

小提醒：
因石榴籽較堅硬，在腸道中較難消化，進食時必須完全咀嚼細碎後再吞嚥。如果家裡有榨汁機，可將剩下的石榴籽連同蘋果，榨成果汁飲用。

日式士多啤梨三文治

素乳酪利用 2

　　傳統的日式水果三文治，是在麵包中間夾著軟綿綿的的忌廉與新鮮水果，以下食譜改用素乳酪代替那層厚厚的忌廉，再利用牛油紙包好三文治後放到雪櫃冷凍定型，拿出來切開便完成了。

分量：1人

材料：

方包	2片	保鮮紙或牛油紙	1張
士多啤梨	6-8粒	素腰果乳酪 <small>（做法見5-23頁）</small>	半碗

1　士多啤梨去蒂，洗淨瀝乾水分備用；

2

先在枱上鋪一張保鮮紙或牛油紙，放上麵包，塗上一層素乳酪，將士多啤梨平均鋪上；

3

再以素乳酪封好，留意麵包對角為切面位置，生果大小及擺放方向，將影響橫切面效果；

4　蓋上另一片麵包，用保鮮紙或牛油紙包起後，在你要落刀的位置先畫上記號，以辦認方向；

5

放入雪櫃冷藏約半小時，取出後沿你所畫的記號切開，分成兩半即成。

小提醒：
三文治的包裝紙，可使用生物可分解的保鮮紙或烘焙紙，會較為環保。

Chapter 6
零距離接觸大自然

　　疫情下大家都想逃離市區，走進山林親近大自然。有大量的研究證明，在大自然中度過的時候會降低人體的壓力荷爾蒙水平。即使你不想花時間坐車到郊外，在家種一點小盆栽，享受片刻的平靜，也可以釋放壓力。只要有心，不妨在周遭的公園或樹木旁慢步，感受日光散落與微風，使自己心靈得到暫時淨化。

戶外郊遊篇

一站式野外歷奇 | 樹屋田莊

聽到樹屋一詞，你可能首先會想到錦田的百年古樹，其實大埔也有一座老字號的樹屋田莊。這個佔地10萬呎的園地擁有如童話般的夢幻樹屋，還有大型繩網陣、橫水渡及泰山飛索等超過20種玩意，刺激十足。一個地點可以玩齊多種活動，盡情體驗原野綠色生活，感受大自然的魅力。

一張門票任玩橫水渡、跳彈床

筆者一行8人在林錦公路的新塘小巴站下車後，穿過迂迴的郊區小路前往田莊，路程只有數分鐘，猶如走進了一個秘密小基地。隱身在林村的樹屋田莊，建於1992年，成立至今剛好30年。昔日田莊主要是供團體租用，最低成團人數為20人；近年田莊亦開始提供「自由Play」，只要事先預約，便可以在指定開放日參加半日遊，讓散客也可以入場玩餐飽。

套票包了一系列免費活動，例如奇妙橫水渡、田園探索、彈床及基本遊樂設施等。園內還有多個亮點攀爬活動，就算去足一整天都未必玩得完。玩家按喜歡的項目額外購票，便可一嘗攀爬的樂趣，依照場內公告的時間前往參加，且有駐場專業導師從旁協助。

#10米高升級樹屋

　　樹屋絕對是園中地標，高聳的朴樹足有兩層樓高，朴樹的韌度比一般樹木高，可承受一定風力。隨著樹木日漸長大，懸掛半空的小木屋經過多次改動，已從第一代進化至第四代，由最初第一層慢慢建構至第二層。參加者每次上樹前要繫上安全帶，在教練的指引下，沿樹幹的木梯級一步一步爬上樹屋，從而挑戰個人勇氣及毅力。攀爬到樹屋上可遠眺林村景色，小木屋內有粗大樹幹貫穿，與大自然融為一體。離開時要抓緊樹旁水管，像消防員般滑落地面，十分刺激好玩。

熱點 No.1

上樹前參加者需扣好安全帶，安全措施幾時都最重要。

小朋友在教練的指引下，沿樹幹的木梯，手腳並用攀登大樹。

樹屋絕對是城市人選擇回歸大自然的好地點，對小朋友來說更是一個放電勝地。

樹屋上有粗大樹幹貫穿，是
感受大自然的最好場景。

返回地面要抓緊樹旁水管
滑落，小朋友秒變消防員。

樹屋的另一個出口連接溜滑梯，小朋友只
要有一片可走動的寬躺草地，已經樂透了。

小朋友走過車胎陣，一回氣輕
鬆行到去終點，身手不凡。

#挑戰繩網陣＋高台飛索

　　田莊另一個重頭戲，是利用天然物料打造繩網陣，融合自然環境設計，在陣內加建了不同難度的關卡，有高有低，像熱帶雨林般有著不同的分層。活動適合3歲或以上人士體驗，8歲以上更可以挑戰 Level 2 難度；場內至少有2個教練助陣，全部器材都經歐盟認證，通過拉力測試，安全可靠。

　　參加者要手腳並用闖越關卡，例如蜘蛛網、木椿陣、高空吊板、平行木道、車胎陣、飛索等，穿過時會不停搖晃，十分有挑戰性。過程除了考驗身手和平衡力，亦要克服恐懼和困難，同時鍛鍊四肢協調，完成後很有成功感。最後更可一嘗高台飛索，從高台第三層飛到對面草地，全速滑落，感受瞬間的快感。

坊間的繩網陣多以金屬構造為主，而樹屋田莊的繩網陣則以木頭搭建，融合自然環境設計。

崎嶇的木道離地更高，小朋友到達終點一刻高呼過癮。

網狀吊橋以七彩尼龍繩構造U左右兩
邊以及腳下以威也鋼絲繩作支撐。

平行木道考驗玩家的膽量之
餘，少點平衡力也做不到。

著陸位置需靠木梯連接再落地。

最後由高台凌空飛越，體驗空中飛翔的快感。

熱點
No.3

坐在竹筏浮板上，慢慢漂流，感受片刻平靜。

#奇妙橫水渡

　　極受小朋友歡迎的橫水渡，亦是樹屋田莊的人氣玩意，讓大家回歸原始生活。參加者坐下或站立在浮板上拉著繩索渡湖，或前往指定位置敲響鐘聲，遊塘期間更可以餵魚。這裡水深只及成人膝蓋高度，駐場導師穿上水衣，一直守護著及從旁協助，令人很安心。

小朋友體型較輕巧，可以站在浮板上影相留念。

小魚塘養了不少錦鯉，在晴天下小朋友專注地餵魚。

參加者合力拉繩往前移動到對岸。

園內提供露營場地。

小朋友必玩的跳彈床，絕對是放電的好選擇。

除了各種動態活動，園內也有靜態的工作坊提供。

其他好玩設施

　　園內還闢有私人露營場地以及營火區，露營活動分為入門級、享受級和發燒級，2位起就可以參加，享受級、發燒級適合較有經驗者，需自備露營用品及膳食；入門級則適合新手家庭，除有帳篷、地蓆等提供，煮食用具、淋浴設施及洗手間也一應俱全，只要自攜食物就可入營。園內亦提供多款遊樂設施如彈床、滑梯等，另外還有不同主題的工作坊，如學習木工、藍染、再造紙等，讓小朋友在大自然中邊玩邊學習。

Roy　Benny　來

90後型男教練陣容

駐場所有教練都經驗十足，取得本地及國際專業資歷。遇上畏高的參加者，教練們都會耐心攙扶及關心，以正能量鼓勵他們，讓參加者有信心踏出第一步。

INFO

地址：大埔林村新塘下村 26A2

查詢：9311-9284（Whatsapp）

自由 Play 入場費用：半日 $120/ 位
　　　　　　　　　（10:00am-1:00pm 或 2:00pm-5:00pm）

費用包括：遊樂設施、趣味彈床、田園探索、寵物日常、
　　　　　奇妙橫水渡（指定時間開放）

f 樹屋田莊 　　　　　Q

http://www.treetopcottage.org

交通：太和火車站交通交匯處，轉搭 64K 巴士或 25K 小巴，
　　　於新塘巴士站下車後，根據指引由巴士站步行至樹屋田莊
　　　約 5 分鐘

＊切勿帶寵物入場、田莊及附近地方不設任何車位

另設購票活動
泰山飛索 $40
樹屋歷奇 $50
挑戰樂園 $50
馬騮上樹 $50
森林迷牆 $60
康樂攀樹 $80
高台飛索 $80
＊ 尚有其他活動，未能盡錄，請查閱官網資料

沉浸在忙碌氣氛裡的都市人，想緩解緊張的生活，不妨趁周末輕鬆一下。如果不想辜負這忙裡偷閒的寶貴時光，可以相約好友到郊外露營。筆者最近也認識了一位熱愛露營和煮食的山藝專家Stanley；茹素近廿載的他，積極推動素食露營文化，與好友一起遠離繁囂、深入郊野，在綠茵環境中親自下廚，利用各式蔬果食材炮製天然蔬食，與營友體驗素食野炊。

戶外郊遊篇

素食露營好玩之處，就是與營友一同享受茹素和露營的樂趣。

Let's Go 素食露營
Vegan Camp HK

#極簡野外煮素食

由Stanley發起的Vegan Camp HK，是一個素食活動交流群組，志在與熱愛烹飪和大自然的朋友交流並共同鑽研廚藝、認識素食、享受茹素和露營的樂趣。群組不定期舉辦素食露營團，其招募的對象不分新手或老手，惟參加活動的人需擁有齊全的基本裝備如帳篷、充氣墊、爐具、杯碟筷、露營背囊等等；然後再由全組共同分擔公用物資，如天幕、摺枱、鍋具、燈具、柴火爐等。

在綠茵環境中親自下廚，與營友體驗素食野炊。

平日生活遇到障礙別放棄，趁著陽光明媚的日子到郊外吸下新鮮空氣，轉換一下心情。

而這個二日一夜的活動內容每次都不同，視乎季節及露營地點而定；一般而言有觀賞日出、環島遠足、野外烹調、煮食及露營技巧分享、營火晚會，甚至一齊在沙灘執垃圾等等。活動費一般約$200元以內，主要是用作購買食材、消耗品、公家用品，多除少補，餘款撥入素食露營群組的活動及發展基金。由於Vegan Camp HK不定期舉辦活動，如欲參加素食露營團不妨關注其FB群組動向，以便第一時間接收最新資訊。

#露營新手、零裝備點算？

如果家裡實在沒有多餘空間擺放露營裝備，不想買但又想一齊玩的話怎麼辦呢？Stanley的建議是：「露營新手可以向朋友、群組成員借用裝備，或者向市面的營具出租店租借，用後感覺良好才考慮購買也未遲。」坊間有不少專門店提供露營用品租借服務，一至四人套裝有齊露營基本裝備，每人攤分約百多元就有交易。

露營新手可以向營具出租店租用裝備，湊齊四個人攤分會更便宜。

在帳篷與草地之間，感受大自然的寧靜和舒暢。

#野炊達人的風味菜

回顧以往Vegan Camp HK舉行過的活動為例，三餐膳食包括下午茶、晚餐、翌日早餐等，部分含奶、蛋、五辛。例如晚餐有粟米南瓜湯、三色椒炒素牛柳、生菜牛油果麥樂雞、烤日本年糕配紅豆蓉等。當然每次自煮食譜都不同，出發前各參加者需分工合作，每人預先將食材加工及裝盒，再帶上少量爐具及調味料，到達營地時便不用再花太多時間洗切準備。在野外環境下，利用簡單食材生火煮食，任何食物都變得風味十足。不過大家切記愛護大自然，自己垃圾自己帶走。

在野外運用新鮮的食材，煮出原始風味的素食。

日式素魚柳醬油炒麵。

學習靈活運用物資，在沒有焗爐的情況下，也可以炮製出香噴噴的麵包。

PROFILE

Stanley 鐘源

茹素19年的Stanley，擁有20年露營經驗、三級山藝訓練資格；身為前民安隊成員及歷奇課程教練的他，平日喜愛遠足、露營、攀石、溯澗、煮素食。

f Vegan Camp HK 🔍

前政務司官邸於1906年落成，是典型的殖民地式建築，以紅色石灰和紅磚砌成。

大埔消失的島嶼｜元洲仔

「元洲仔」顧名思義，本來是吐露港上一個「圓」形的小島嶼，當時島嶼與內陸僅有一條基堤相連。隨著大埔新市鎮的發展，元洲仔於70年代的填海工程中修築成與陸地連接，自此成為香港其中一個消失了的島嶼。島上有一棟白色大宅於1906年落成，初期為英國租借新界後用作行政中心之用，1947年後改為新界政務司官邸，曾有15位政務司入住。1983年元洲仔官邸及毗鄰土地被列為香港法定古蹟，受《古物及古蹟條例》保護，並於1986年交由世界自然基金會香港分會管理，透過教育活動推廣環境保育，公眾可以參加導賞團，進入元洲仔參觀。

Scan Me !

元洲仔原本是吐露港上的一小島。隨著市鎮發展，小島於70年代填海後與陸地相連。

元洲仔實境

我們到訪當天，也有不少團友是大埔居民，可他們都說從來不知道這裡有一處古蹟，所以都是第一次來參觀。大伙兒跟隨導賞員沿斜坡往官邸方向前進，首先會經過一棟獨立建築物，原來是僕人宿舍，昔日的灶頭及廚房依然存在。再拾級而上，穿過長廊終於來到官邸；整座英式純白大宅，以紅磚、石灰鋪砌，保留了英國殖民時代建築風格。屋頂為中式瓦頂，採用「四坡頂」設計，有助排水和隔熱，糅合了中西方的建築智慧。

建築由遊廊環繞，遊廊頂是圓拱型，呈對稱布局。

主樓內設有飯廳、客廳、圖書館、配膳室，還有四間睡房、浴室等設施。

樓高兩層的主建築由遊廊環繞著，呈對稱布局，具遮擋陽光及避風雨之用，能有效調節室內溫度。屋頂設有燈塔，早年於晚上為吐露港行駛的船隻引航。進入室內有飯廳、客廳、書房、四間睡房等，還有古典壁爐及典型的落地玻璃門。亮點打卡位在二樓陽台，一整排百葉窗，充滿純白優雅的歐陸情調，襯托窗外的藍天白雲及吐露港海岸景色，感覺十分悠閒。

亮點打卡位在三樓陽台，別錯過！

英式庭園孕育了超過一百四十種植物。

#漫步英式花園小徑

　　佔地1.75公頃的元洲仔官邸，集英式花園及草坪於一身，屋前有廣闊的英式花園及大草地，孕育超過140種植物。花園中央有一棵紅皮糙果茶樹，樹皮橙紅色，相當吸睛，據說當年鍾逸傑爵士伉儷，為紀念去世的兒子而種植。當年的網球場，現被改建為有機農場及巨型玻璃球工作坊。

巨型玻璃球溫室，其透明設計也吸引了不少人專程來打卡。

官邸後花園是歎茶的好地點。

導賞活動中段有歎茶時間，免費供應茶點。

大埔元洲仔直升機停機坪，此處不時可見釣魚客垂釣。

　　歎完下午茶後，導賞員帶領我們到附近的紅樹林以及直升機停機坪，講解海洋生態。吐露港是半封閉的灣岸，亦是香港僅餘的潮間帶，水流緩慢，岸內孕育了多樣物種，眾多岩岸生物棲息於岩石縫隙間。但城市發展、填海築路等工程，嚴重威脅生態環境，每天都有大量人為垃圾漂浮到岸邊。接下來的海玻璃工作坊，就是利用回收的海洋垃圾作材料，讓人反思我們該如何實踐可持續生活模式，減少對環境資源的消耗。

步出直升機停機坪，發現許多岩岸生物棲息於岩石縫隙間。

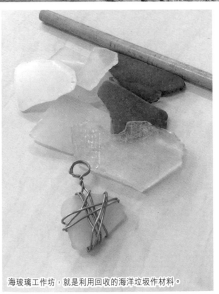
海玻璃工作坊，就是利用回收的海洋垃圾作材料。

活動的尾聲讓大伙兒齊齊執垃圾。

INFO

地址：大埔元洲仔里元洲仔自然環境保護研究中心
電話：2526-1011
時間：周三至日 10:00am-6:00pm

https://www.wwf.org.hk/cities/heritage/

交通：港鐵大埔墟站乘接駁巴士 K18 至廣福邨站，
　　　　下車後往元洲仔公園方向步行約 7 分鐘

主樓建築皆予以保留，而現址已被評為一級歷史建築。

戶外郊遊篇
低碳生活概念｜綠匯學苑

　　原為舊大埔警署的綠匯學苑，經荒廢多年後被活化，於2015年啟用。這裡離市區只有10分鐘路程，卻可以享受不一樣的綠色空間。整個古蹟建築群，分為主樓、職員宿舍和飯堂，建築群保留了原有設施，像報案室、羈留室、槍房等等，亦設有展品讓參觀人士深入淺出地認識大埔歷史。

　　這裡種滿了茂密的蔬果和植物，遊客可於附設的「慧食堂」內享用素食，一試 Farm to Table 的滋味。綠匯學苑亦可以 Staycation！園內提供低碳住宿體驗，客房只配備風扇，貫徹低碳環保概念。參觀人士可即場報名導賞活動及各類形的工作坊，於學苑內的草坪上享受綠色生活體驗。

綠匯學苑不定期推出活動，教大家一些環保小手作或低碳烹飪技巧。

「慧食堂」提供減碳素食，每天從本地農莊運來各類蔬菜，製作時令菜式。

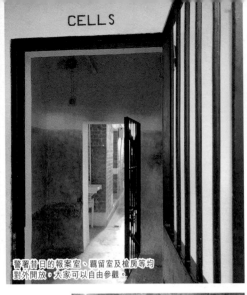

CELLS

警署昔日的報案室、羈留室及槍房等均
對外開放，大家可以自由參觀。

前身為職員宿舍的紅磚屋。

羈留室和廁格，牆上記載多宗大埔案件。

　　昔日舊大埔警署，因其山頭地勢
之便，能環視當時身為新界行政中心
的大埔墟而選址於此。舊大埔警署於
1898年簽訂拓展香港界址專條後，成
為新界首座設立的警署，標誌著大埔
當年在新界的權力位置。直到1987
年，新的大埔分區警署啟用後，舊大
埔警署始停止運作，及後於2009年獲
評為一級歷史建築。

綠匯學苑設有自家小菜園，以供應食
堂的新鮮食材，將碳足印減至最低。

食堂對出是一片寬廣草地，在此享用素食，貫徹低碳綠化理念。

INFO

地址： 大埔運頭角里 11 號
時間： 10:00am-4:30pm 登記入場，可逗留至 5:00pm
休息： 逢周二及農曆年三十至初四
費用： 免費入場（不同體驗課程與住宿方案收費各異，可至網站查詢）

https://greenhub.hk/tc

交通： 港鐵大埔墟站 A2 出口，穿過運頭角遊樂場步行約 8 分鐘

假日農夫育成記 | 有機種植篇

自己蔬菜自己種 | Farm Something

筆者與 Farm Something 的結緣，是由一盆迷你火箭菜開始。以前種菜總失敗的我，去年網購了她們家的微型菜，抱著懷疑態度在家試種一下，心想即使零成果亦只是損失幾十元，結果7日後成功有收穫。這次的經驗讓我重拾信心，於是走訪了她們在大埔的園圃，自此愛上了落田耕種。

有機耕種課程第一堂，老師示範開田步驟。

植物的生長受溫度、濕度、日照等環境影響。

冬季種植沙律生菜，每隔一個禮拜都有收成。

#享受收成的喜悅

　　首先我進行了為期三個月的有機耕種課程，導師循序漸進講解整個流程後，各人獲分配一塊田實戰。看見農友們都玩得十分投入，我也執起鋤頭來到黑黝黝的農地，親身經歷由除草、翻土、施基肥、播種、追肥、搭棚、中耕至收成的整段過程。

　　原來種植並非將種子丟下去就完事，還要付出心力來照料，而且有付出並不代表就有收穫。植物的生長受溫度、濕度、日照、蟲害和營養之供給等影響，當中有成功也有失敗的時候。同一包種子有些能發芽，有些則不能，機遇由天不由己。

　　都市生活把我們呵護在溫室一樣的戶內生活，無法體會到農夫耕作的辛酸，也從未想過一場風雨足以把辛苦耕耘的農作物瞬間摧毀。如果沒有農夫這個角色，為農作物付出精神和時間，與氣候和蟲子鬥智鬥力，很難種出各式各樣美味的食材。

#時令蔬菜不時不種

　　有機耕種是依循著大自然的規律，不採用化學肥料、農藥等方法，與生物和諧共存的耕作模式。農民會依四季適時種植，是因為種子的發芽經常隨季節而變遷。香港位處亞熱帶，夏天高溫多濕，冬天涼爽雨少；夏季多種瓜豆及抗熱蔬果，秋分後多種葉菜類、球根等作物。當然也有一些蔬菜在香港是全年都適合生長的，如蔥、芫茜和番薯等。

冬天採收的羽衣甘藍，粗壯香甜。

　　一般而言，我們常吃的菜心、芥蘭、白菜、菠菜、生菜等最佳種植月份為10月至翌年2月，例如沙律菜喜秋涼氣候，生長適溫在15-20℃，過了冬季已不能再種，勉強種出來的保證苦到不堪。菜心屬十字花科，品種又分為早熟、中熟和遲熟；早熟較耐熱，生長期較短，40日可收成；遲熟品種不耐熱，最好在十一月落種，生長期為80日，收成時莖壯葉厚，甜美鮮嫩，是我一輩子吃過最好吃的菜心。

茄子播種後約兩個多月開花結果，長出紫色小茄子，令人開心又期待。

春播的節瓜，超巨型新鮮。

節瓜BB長出來了！

#把新鮮蔬菜帶回家

　　踏入春天，氣溫回暖且濕度增大，這個時候可以種瓜果類、豆類、粟米等植物。粟米從採收後半小時起，糖分就會逐漸流失；摘下後不妨搶先嘗一口，當鼓勵下自己，吃過就知回味無窮，味道零舍清甜多汁。

　　在秋冬收成的羅馬生菜、羽衣甘藍等特別香甜，收割時可以留下三四片葉子繼續生長。把摘下的農作物帶回家變成美味菜餚，各類色澤深淺不一的蔬菜，生機勃勃，光看著就充滿食欲。自己種出來的蔬菜新鮮又健康，無任何化學農藥，吃得更安心。由外國進口的貴價食材，也不及自己親手在泥土中摘下的蔬菜來得新鮮。

羅馬生菜適合秋冬季種植，超巨型的葉片大過手掌。

播種	農作物
春播	葉菜類：如莧菜、通菜、潺菜、番薯苗 瓜類：如青瓜、毛瓜、絲瓜、苦瓜、節瓜、西瓜 豆類：如豆角、四季豆、毛豆、花生 茄科：茄子、秋葵、辣椒
秋播	葉菜類：如菜心、生菜、菠菜、白菜、芥菜、茼蒿、 　　　　油麥菜、皇帝菜、西蘭花、椰菜花 根莖類：芥蘭頭、櫻桃蘿蔔、白蘿蔔、紅菜頭、甘筍
春秋皆可	番薯、蔥、芫茜、韭菜、粟米

春季適合播種紅莧菜，收成源源不絕。

#蘋果醋漬櫻桃蘿蔔

　　櫻桃蘿蔔為十字花科蘿蔔屬，因其樣子小巧可愛，外紅內白，形似櫻桃，故稱為櫻桃蘿蔔。其種子發芽率高，生長周期短，播種後5天幼苗已鑽出土面，並展開兩片子葉，10天左右長出真葉，約一個月見根部膨脹外露，就可以準備採收了。櫻桃蘿蔔生食微辣爽口，口感清脆幼嫩，更可醃漬或烹煮。蘿蔔葉子千萬別丟掉，其營養價值相當高，含豐富維他命A及C，葉莖表面雖有小刺，放湯灼熟即可食用。

櫻桃蘿蔔喜秋涼季節，生長周期短，1個多月的時間就可以採收。

Scan Me !

睇片！製作步驟

材料：

櫻桃蘿蔔	約15粒
糖	1湯匙
鹽	2茶匙
蘋果醋	200ml
羅勒香料	適量
玻璃瓶	1個

＊調味分量可按個人喜好斟酌，
也可以刨一些青檸皮或加入乾辣椒醃製。

自己種的櫻桃蘿蔔一定無農藥，可以放心醃製和進食。

1丨 櫻桃蘿蔔去葉莖洗淨後，切去尾部較粗硬的鬚根，在表皮上劃幾刀；

2丨 原粒灑鹽拌勻醃10分鐘，倒掉醃漬析出的水，用開水沖掉鹽分；

3丨 將所有材料加入容器中攪勻，密封瓶口放冰箱冷藏，醃漬3天即可食用。

#綠色生活的療癒力

人無論工作如何忙碌，都要給自己生活留一點空隙歇一歇。如果你是一個工作狂人，被社會灌輸甚麼都要快，驚覺自己停不下來，不妨透過種植去讓心靈得到適時的放鬆。

耕種課程順利完結後，我繼續在同址租田，正式成為農友。每次踏上鄉郊的路途，總會令我感到身心舒暢。農友之間的互動也是一種推動力，有相熟的、也有不知道對方姓名的，每次碰面都會打招呼，畢竟大家有著共同的興趣，或許再遇著幾次就會談上話。

種菜的過程是一種快樂，沒有甚麼比豐收更能帶來最大的滿足感。

耕作時還得不停學習，種植不同的農作物需要配合不同技巧。在不使用農藥的情況下，要及時覆蓋防蟲網或套上瓜袋阻隔蟲患，學習與昆蟲共存而不是一味趕盡殺絕。我相信每種生物都是大自然的一部分，對生態環境有著一定的角色。

大自然有奇妙的療癒力量，現在每逢放假我最大的娛樂就是坐在田邊，除一下雜草、聽一下鳥聲，看著種子落地生根，看著瓢蟲忙碌的身影。從梳理花草的過程中，覺察自然萬物的生長，體驗植物生命的歷程。以前看見蚯蚓會害怕的我，現在每次翻土見到牠們都會興奮像見到寶物，感謝牠們在泥裡掘洞，讓土地得以呼吸。

新手種植需要從有苗著手，待幼苗成長再移植到泥土中種植。

INFO

地址：Farm Something@ 大埔鳳園路

日期：每年 1 月、4 月、9 月均有開班；
隔個周六 2:30pm-5:00pm 上課

費用：$2,160
（課程會提供筆記、種子、菜苗、肥料及基本農具）

https://www.growsomething.com.hk

【同場加遊】

#植物拓印工作坊

　　植物拓印是將植物的天然顏料記錄在布料上的一種手作工藝，利用敲擊的方式，將花葉汁液及形態印壓到布面上。過程非常簡單，無需化學染料、不用費時的熬煮萃取，只要一把槌，加上隨手可得的花草樹葉就做到。導師提醒蒐集植物時，應摘取較薄身的花草會較好；因為葉片太厚的話，汁液也會偏多，過多的汁液經敲打後會四濺，較難將植物的線條拓印出來。

INFO

地址：Farm Something@ 大埔鳳園路
日期：每月第二及第四個周日 3:00pm-4:00pm
費用：$150 一位（包所有材料、工具及花茶 1 杯）

工具：布袋、槌、膠紙

1

摘取適合的花葉，各自選喜歡的植物形狀。

2

布袋放在底下，擺放葉子，正面朝下，再貼上一層膠紙以固定位置。

3

由葉底開始敲擊至葉尖，可輕微翻看葉面下的拓印狀況。

4

整體都印上去後，即可移除葉子。

＊拓印完成後，可使用熨斗燙印布品，使達到護色效果即完成。

達人教路 Farm to Table
在家種菜7日收成

受疫情影響，大家如非必要都不想外出。有不少人為減少外出的頻率，一次過採購大量蔬菜回來，最終弄巧反拙，讓食物腐壞變質。以下請來 Grow Something 有機菜園負責人 Karen，分享如何足不出戶都可以在家種植新鮮蔬菜。其實只要懂得善用空間和挑選一些適合室內種植的種子，一樣能種出好菜。

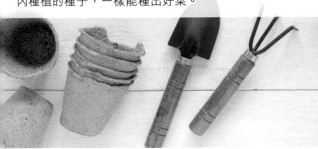

PROFILE

種植達人 Karen

80後的 Karen 醉心務農，早年在粉嶺租田耕種時認識了當時在農場工作的 Agnes，兩人雙雙辭去正職，由2018年尾開始經營社企 Grow Something，將興趣發展成事業。兩人上門教種菜，為都市人提供上門安裝種植箱及耕作指導的一站式服務，鼓勵更多人自家種菜，減少購買進口蔬菜可有效減少碳足跡，一同享受種植的樂趣。

#唔使被迫捱貴菜

家居農場成為疫情下的新趨勢，有人開始在家種菜，不僅培養自己的興趣和愛好，更可以實行自家 Farm to Table，保證吃到第一手新鮮蔬菜。Karen 早期在粉嶺租田耕種時，起初見有很多家長樂意帶孩子去種菜，後來小朋友漸漸都不再出現，在了解之下明白到小朋友都很忙碌，有很多功課和課外活動，未必有時間每個星期去農場。所以 Karen 與合伙人 Agnes 便構思，幫客人上門安裝家居種植的套裝，將戶外菜園帶入城市室內。

如手掌般大小的微型菜小盆栽，適合在空間有限的家居種植。

微型菜解決空間問題

火箭菜的子葉是心形的，7日可收成享用。

　　長遠而言，香港人食自家種的本地菜，做到糧食自給自足當然好。但香港寸金尺土，如果家裡沒有露台、沒有窗台也可以種得出蔬菜嗎？Karen表示：「其實多有多種、少有少種！如果真的地方有限，可以種一些微型菜；一個手掌大小的迷你盆栽，就可以種出美味的火箭菜。除此之外，還可以考慮種苜蓿芽，只要一個玻璃樽就可以種出來，7日內可收成享用。」

　　提到火箭菜，我們日常在超市買到的是火箭菜的真葉，一般種子發芽會先冒出兩片心形的子葉，之後才長出真葉；微型菜其實就是指火箭菜的子葉，並非甚麼改良的微型品種。在有限的空間下種微型菜是一種折衷方法，而且子葉味道與真葉無異，一星期就有收穫。

苜蓿芽種子套裝，樽蓋有鐵絲網方便沖洗，一包種子足夠兩人食三餐。

苜蓿芽種子發芽步驟

睇片！製作步驟

　　苜蓿芽是不錯的瘦身食材，熱量低又營養豐富，它像絲一般細而柔軟，含有豐富的蛋白質和維他命C，同樣7至10天可收成，不用烹煮，發芽後即可生食。

1

　　將一茶匙種子放進罐內，以清水沖洗，以過濾水浸過夜（6-8小時）；

2

　　隔走水分再沖洗種子，然後將罐打斜放杯／碗上，每日重複2次；

3

　　種子會於2天內發芽，5-7天內就可以收成。

#足不出戶有菜食！

　　學校停課，小朋友多了時間留在家中，家長們都想替孩子找一門嗜好。學習種植不僅培養小朋友的耐性，讓孩子了解珍惜食物的重要性，也讓本來不愛吃蔬菜的小朋友，愛上吃自家種的蔬果。

　　Karen表示如果家裡能騰出一點空間，可以善用這些地方進行綠化，例如安裝一些種植箱，最細尺寸有1呎乘3呎，即30cm X 90cm，非常適合種植綠葉蔬菜。在家種植就不用怕打風落雨，不需要翻土和除草；種植箱更可自由架高，不必辛苦的彎腰或蹲著，站著就可以照顧作物。

利用家居種植箱❶在家收成並享用新鮮的有機蔬菜。

　　一般葉菜類的植物適合在家種植，因成長期較短，30至45日可收成。部分蔬菜例如沙律生菜、羽衣甘藍等生長旺盛，可以收割多次，蔬菜長大後從外葉開始摘下食用，剩下中間5至6枚，只要有足夠的水分及陽光，過了不久又會繼續長出葉子。像這類多次採收的作物還有很多，例如莧菜、番薯苗及通菜在第一次收成時可先摘取頂部嫩葉，留下基部2至3節，它就會源源不絕地冒出新芽。

　　Karen建議如果由零開始，在家亦可先試種一些香草：「例如薄荷、百里香、迷迭香等；可用作煮食或沖茶飲用，每次使用量不多，只需摘下少許就夠用，剩下的葉可以繼續生長，可被利用的時間較長，加上容易打理及出錯的機會較少。」

#種子發芽必做的一件事

　　家居種植的缺點是空間狹少，學習培苗是豐收必學的步驟。由於幼苗本身比較脆弱，需要放置在陰暗位置培育。種子播種前需稍做處理，可以利用尺寸較小的苗盆先行下種培苗，待種植箱中的蔬菜收成、騰出位置時才將幼苗移植，讓其繼逐生長。此做法除了大大節省空間和時間，也較容易控制種子的發芽率和集中管理幼苗。

種菜用那些肥料好？

在家可利用廚餘自製天然肥料，做法簡單，既環保又省錢，而且材料隨手可得。肥料一般每隔2星期淋一次已足夠，Karen叮囑：「謹記施肥原則是寧缺勿濫，因為缺少的話可以隨時補加，但落太多就難收回。」

肥料	營養成分	用途	施肥方法
雞蛋殼	含鈣、磷，中和泥土酸鹼度	平時用完的雞蛋殼，沖洗乾淨後再烘烤一下，有驅蟻作用；用膠樽或玻璃樽保存	灑在植物土壤中
咖啡渣	含氮、鎂、鈣、鉀等元素	收集平時飲完的咖啡渣，曬乾；注意咖啡渣因含水分容易發霉，不宜儲太多才處理，最好每次飲完倒出後立即曬乾或風乾	每2星期加一茶匙就夠，不宜太多太密
洗米水	含氮、磷等多種微量元素，呈酸性，PH值在5.5-6	平時洗米後的水裝進膠樽，放置2星期，記得定期擰開蓋子換氣，否則發酵時產生大量的氣體，可能撐破瓶子。洗米水完成後會聞到發酵味	使用前要加水稀釋，將一瓶蓋洗米水，加入一公升的水

我認為種植是⋯⋯

Karen

我認為種植是同大自然的相處，都市人在石屎森林生活久了，可能對季節的轉變沒有太大感覺。天氣凍就開暖氣穿件厚外套，夏天就穿得涼爽一點開冷氣，對四季不敏感。種植後我才發現四季是很明顯的，在不對的季節落種子，不發芽就是不發芽，不成長就是不成長。冬季一定要種冬天作物，夏季就一定要種夏天作物。世上總有一些事不是奉旨的，套入種植也如是，栽培植物講求客觀條件。由種子發芽至成長，可能會成功，也可能會失敗，無論結果如何都是一種過程和學習。

INFO

Grow Something
地址：葵涌青山道 307 號萬勝工業大廈 26 樓 2603 室
Whatsapp：6886-8183

https://www.growsomething.com.hk

參考文獻/資料

甚麼人最愛食素？

1. Soutik Biswas, 2018. The myth of the Indian vegetarian nation, BBC. https://www.bbc.com/news/world-asia-india-43581122
2. Vegetarianism by country, Vegetarians of population, Wikipedia. https://en.wikipedia.org/wiki/ Vegetarianism_by_country
3. Travis Levius, 2017. The best cities for vegans around the world, CNN
4. 1 in 5 Brits cut down on meat consumption during COVID-19 pandemic, The Vegan Society, April 2020
5. 1 in 4 Brits cut back on animal products during Covid-19 pandemic, The Vegan Society, May 2021
6. Changing Diets During the Covid-19 Pandemic, The Vegan Society, May 2021
7. Going Plant-Based: The Rise of Vegan and Vegetarian Food, Euromonitor International, 2021

食素不等於 ≠ 食齋

8. 過午不食，百科知識中文網 ，引用日期2020.3.25 https://www.easyatm.com.tw/wiki
9. 《舍利弗問經》大正新脩大正藏經 Vol. 24, No. 1465，中華電子佛典協會，2002. https://www.cbeta.org

常見的素食分類

10. 素食主義，維基百科，引用日期2022.3.26. https://zh.wikipedia.org/wiki/素食主義
11. Donald Watson, 2004, Ripened by human determination, Interview with 'Vegetarians in Paradise'. The Vegan Society. https://www.vegansociety.com
12. 《大佛頂首楞嚴經研究》太虛大師講述. https://book.bfnn.org/books2/1067.htm

你有甚麼理由吃素？

13. FAO World Food and Agriculture — Statistical Yearbook 2021. https://www.fao.org/documents/card/en/c/cb4477en
14. FAO framework for the Urban Food Agenda 2019. https://www.fao.org/3/ca3151en/CA3151EN.pdf

15. Y Y Yau et al 2018, Impact of cutting meat intake on hidden greenhouse gas emissions in an import-reliant city. Environmental Research Letters 13(6): 064005. http://iopscience.iop.org/article/10.1088/1748-9326/aabd45
16. FAO Livestock and Landscape 2012. https://www.fao.org/3/ar591e/ar591e.pdf
17. FAO The use of water in agriculture. Agriculture, Food and Water 2003. https://www.fao.org/3/y4683e/y4683e00.htm#P-1_0
18. Vegans use less water globally, retrieved 22 March 2022 from The Vegan Society. https://www.vegansociety.com
19. J. Poore, T. Nemecek, 2018. Reducing food's environmental impacts through producers and consumers, Vol.360, No.6392 Science. https://www.science.org/doi/10.1126/science.aaq0216
20. How many animals are killed for food in the US each year, retrieved 22 March 2022 from Animal Clock：https://animalclock.org
21. Hannah Ritchie and Max Roser, 2019. Meat and Dairy Production. Our World in Data. https://ourworldindata.org/meat-production#livestock-counts

植物也有生命！吃素算不算殺生？

22. Daniel Benor, MD. May 2014. Volume 14, No. 2. The Web of Life: Human Symbiosis with Other Life Forms and the Environment. https://irp-cdn.multiscreensite.com/891f98f6/files/uploaded/EdMuse-14-2.pdf
23. Toyota M. et. al., 2018. Glutamate triggers long-distance, calcium-based plant defense signaling. Science. 361: 1112-1115. https://doi.org/10.1126/science.aat7744
24. 聖嚴法師 (2003)。《禪的智慧》第一篇佛法 - 有情眾生、五蘊與意識。法鼓文化
25. FAO Livestock and Landscape 2012. https://www.fao.org/3/ar591e.pdf
26. John Robbins. The Skinny on Grass-fed Beef. No Happy Cows: Dispatches from the Frontlines of the Food Revolution. San Francisco, CA : Conari Press, 2012.

維他命C含量排行榜

27. 世衛/糧農組織: Vitamin and mineral requirements in human nutrition. Second edition. 2004
28. 台灣食品營養成分資料庫，樣品編號 D1500301，水果類，2020. https://consumer.fda.gov.tw
29. 台灣食品營養成分資料庫，樣品編號 D1200201，水果類，2020. https://consumer.fda.gov.tw
30. Tolerable Upper Intake Levels For Vitamins And Minerals, European Food Safety Authority, 2006

素食者不喝牛奶如何補鈣？

31. 世界衛生組織、聯合國糧食及農業組織: Vitamin and mineral requirements in human nutrition. Second edition. 曼谷 : 世衞 / 糧農組織，2004

五色蔬果飲食法

32.《黃帝內經》中有關五臟之記載，中國哲學書電子化計劃 https://ctext.org/zh
33. Human Vitamin and Mineral Requirements. Report of a Joint FAO/WHO Expert Consultation Bangkok, Thailand, 2001

素食產品標籤懶人包

34. Definition of veganism, The Vegan Society.
https://www.vegansociety.com/go-vegan/definition-veganism
35. 素肉＝全素？是否健康？ 6成高鈉或高脂 4款驗出動物基因或雞蛋成分，選擇月刊 514期，消費者委員會，2019.
https://www.consumer.org.hk/tc/article/514-vegetarian-meat/514-meat-sample

學識睇 E 字頭食品標籤

36. The Consumer Guide to Food Additives（Aug 2017）. Retrieved from database (Lists of Food Additives) on Centre for Food Safety Web :
https://www.cfs.gov.hk/tc_chi/multimedia/multimedia_pub/multimedia_pub_pm_ins.html

鳴謝 Special Thanks

特別鳴謝：

脊醫王俊華	感謝您淺析素食者常見的疑問，更在百忙中拍攝營養食譜，令本書生色不少。
瑜伽老師林曉芬	感謝您的分享和解答，讓更多人知道素食為環境及健康帶來許多好處。
Grow Something Karen	感謝您敲開了我綠色生活的心門，讓我這個城市人感受農夫收成的喜悅，提醒我食物得來不易。
資深素友 Stanley	感謝您為我寫推薦序，希望將來有機會參加你的素食露營團。
Vivian 和 Justin	感謝兩位的專業意見，難得遇到與我一樣喜歡「減法烹調」、不加鹽加醋的職人，期待新素食店「素心事 Sow.Something」開幕。
Phyllis Ng	感謝您接受訪問，從您的話語中感受到濃厚的親情，為你的信念和堅持點讚！
Eric Leung	感謝您的經驗分享，您提點了我生活中要不忘禪修。
黃芷澄、黃芷祈、牟穎妍、牟穎琛	感謝四位可愛小模特兒，以及黃太、牟太兩位靚媽的協助。

同事鳴謝：

Gary Fung	感謝您給予的支持和信任，提供機會讓我嘗試更多不同類型的創作。
Simpson Wong	感謝您協助拍攝樹屋農莊，全程落力攀爬和攝影，提供專業靚相。

親友鳴謝：

父母及兄長	感謝您們的照顧，感恩善良的母親也是一位全素食者，對我產生了極大極深的影響。
Louis	感謝您義務為我校閱內容，並以用家的角度給予中肯意見，感恩你成為我的第一位讀者。
Alayana-Tarot	感謝老師的傳承！一直鼓勵我要成為更美好的人，讓我明白即使一棵小草也能發光發亮；憑著這股動力的支持，我帶著喜悅和祝福著力描寫，順利完成本書。
21位村民	感謝您們的支持！跟您們相處就明白，世間所有的相遇，都是久別重逢！

目錄

"如果你還未開始吃素,可以考慮先嘗試每周一素,
或逐漸增加餐飲中的蔬菜比例,讓自己的身心慢慢適應。
茹素就如當你開啓了一扇窗之後,
呼吸了清新的空氣,沐浴在溫暖的陽光中,
就不想再關上這一扇窗了。"